岩　波　現　代　文　庫

私が進化生物学者になった理由

長谷川眞理子

Mariko Hasegawa

学術 440

岩波書店

目　次

第一章　豊かな自然と図鑑たち

紀伊田辺の豊かな自然と蛇腹状の図鑑

小さいときから、とても生き物が好きだった。なぜ、何がそんなに好きだったのかはよく覚えていないのだが、まずは、草花や貝殻の美しさに魅了されていたような気がする。ツユクサの花びらの形とその素晴らしい青い色、磯の岩場に張り付いているヨメガカサの丸い形と、薄いピンクと茶色の模様、こんなものをたまらなく美しいと思った。

私は東京で生まれたのだが、二歳のときに母が結核になって長期入院してしまったため、親戚の家々にあずけられて転々とした。父は銀行員だったので、仕事が忙しく、働きながら小さな私を育てることは無理だった。結局のところ、和歌山県の紀伊田辺に住んでいた、父の両親である祖父母の家に引き取られることになり、三歳から五歳までを田辺で過ごすことになった。そのころの田辺の家は海に近く、裏には川も山もあり、豊かな自然に囲まれていた。

私は両親とは別れ、父方の祖父母の家で暮らすことになったのだが、とくに寂しいとかつらいとか思った記憶はない。田辺の家には、父方の祖父母、父の姉（戦争未亡人、中学校の教師)とその一人息子(当時一四歳)、父の妹(結婚したが離婚して独身、小学校の教師)が住んでいて、結構にぎやかだった。私はみんなに可愛がられてすぐにこの環境に順応した。

その家には白い犬がいたが、あまり印象に残っていない。今の私は犬も猫も大好きだが、当時の私はぬいぐるみのクマの方がずっとお気に入りだった。この犬ともっと密接な関係を築いておけばよかったと、今は思うのだが、私のその後の人生における生物学への興味に、残念ながら、この犬はなんの影響も与えていない。

3歳のとき(1956年のお正月, 紀伊田辺にて). 前列, 私と祖父. 後列右二人が南方熊楠の娘である文枝さん夫妻

小さいころの私を生き物の世界の楽しさへと導いてくれたのは、何冊かの図鑑である。最初のものは、紀伊田辺のおばたちが持っていた、薄い小さなものだ。これは、本というよりは、蛇腹状に折り畳んだ紙の束であり、そこに、植物や魚や貝の絵が描いてあった。

表からめくっていって終わりになると、今度はひっくり返して裏側をめくっていく。このように紙の両面に印刷してあった。なんだかごわごわした、茶色っぽい厚い紙だった。

父の姉であるおばが中学校で教えていたので、その中学生用の教材の一つだったと、後年、彼女が言っていた。その図鑑自体はもうどこかへ行ってしまったし、それを私に見せてくれたおば自身の記憶ももう曖昧である。このおばも先年一〇〇歳で亡くなった。下の妹である方のおばはずっと以前に亡くなった。

私はまだ、たった四歳ぐらいだった。しかし、何にそんなに惹きつけられたのか、私はすっかりこの図鑑がお気に入りになって離さなかった。おばたちや祖父母に読んでもらって、そこに書かれた植物や動物の名前をみんな覚え、飽きもせずに日がな一日、ひっくり返して見ていた。今でもその描画を鮮明に覚えているのは、「センブリ」という植物と、「レイシ」という貝である。センブリのすっくと伸びた茎と白い花、レイシのぶつぶつした紺色の貝殻に鮮やかな濃いピンクの身……。今でも目に浮かぶようだ。

まだ小さかった私が、一日中、この中学生用の図鑑ばかりを見ているので、おばたちは少し心配し、もっとほかのことをさせるべきだと考えた。そして、ある日、この図鑑を隠してしまったのである。朝起きてすぐにそのことに気づいた私は、家中をあちこちと探し回ったそうだ。そして、最後に、「誰か、私の本を隠したんじゃないの？」とおばに詰め寄ったのだそうである。これで彼女たちは降参して、私に図鑑を返してくれた。

当時の紀伊田辺はきれいな小さな町で、海岸に今のようなテトラポッドなどはまったくなく、海辺には松の木が何本も生えていた。海に行くまでの道には草花も昆虫もあり、磯には貝やイソギンチャクがいて、四季折々にいろいろと見たり触ったりすることができた。

あのころはまだ小さ過ぎたから、実際に見たものを図鑑の絵と照らし合わせて調べることはしなかったが、この世に存在するさまざまな生き物に名前がついていることには感動した。何度思い返しても、あの図鑑が、私が生物学者になろうと思った最初のきっかけであったのだと思う。

お気に入りだった図鑑シリーズ

母の結核は結局治って、ある日、私は東京に帰ることになった。それまでの毎日、田辺の家でみんなに可愛がられ、楽しく暮らしていたが、毎月、母に手紙を書かねばならなかった。まだ四、五歳だったのだが、一応ひらがなは書けたので、緑色の太いクレヨンで手紙を書いた。しかし、小さい子どものこと、数カ月もすれば母の思い出は忘れ、なにか、知らない女の人に手紙を書くように強いられていた感じだった。

父と母が私を迎えに来た日、私は丸二年以上も祖父母の家で育てられたのだが、その割にはなんの感傷もなく両親に連れられて東京に帰った。これが小さな子どもの薄情さなのだろう。もちろん、後年、たくさんの恩義を感じ、いつでも田辺の日々を懐かしく思い出すのではあるが、あのときは、祖父母たちと別れていくことに関し、何の思いもなく、ただただ、両親と一緒に暮らすようになれたことを楽しんでいた。

こうして、東京、千駄ヶ谷の三菱銀行(現・三菱UFJ銀行)の寮での生活が始まった。東京は、紀伊田辺とは違って大都会である。それでも、一九五〇年代の渋谷区千駄ヶ谷は、今から見ればのどかな生活だった。幼稚園に通う道筋には、四季折々に草花が生え、野良犬の死骸がころがっていたりもした。

千駄谷小学校に入学したが、二年生のときに、両親が東京都小金井市に新しく家を建てて引っ越したので、東京学芸大学附属小金井小学校に編入した。

小学校二年生のとき、講談社の子ども用の図鑑シリーズを買ってもらった。これは今でも全巻、なくさずに持っている。最初に手にしたのは、『昆虫の図鑑』と『植物

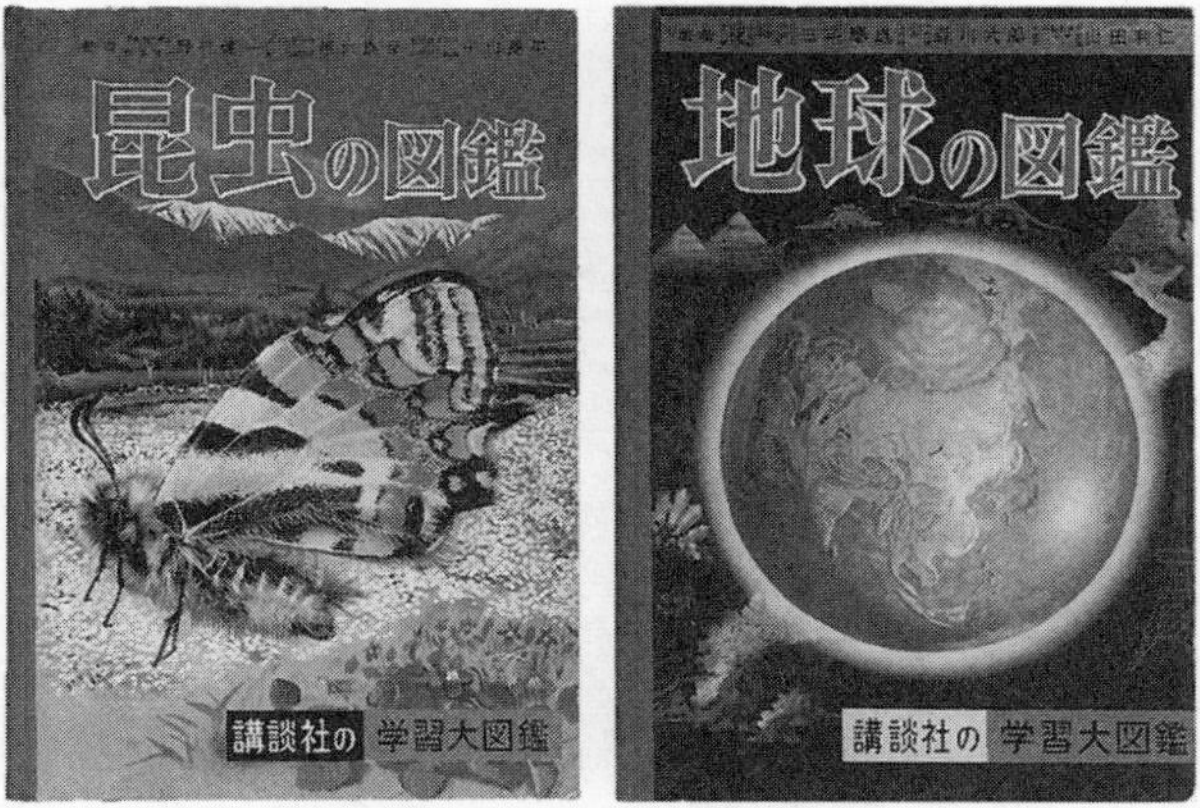

『昆虫の図鑑』と『地球の図鑑』

の図鑑』で、すぐに大のお気に入りになった。以来、おとなになるまで何度開いてみたかわからない。大学三年生のときから、千葉県の山奥で野生ニホンザルの研究をするようになったが、これらの図鑑は、実際、このときにも役立ったのである。

　この図鑑だが、写真は一つも入っていない。全部、画家の描いた絵である。『昆虫の図鑑』のチョウやガのところには、幼虫の絵もあり、幼虫の食べる植物も描いてあった。美しいギフチョウの絵の下には黒い幼虫がいて、そこに「幼虫はカンアオイの葉をくう」と書いてあった。ヒメギフチョウの絵の下にも同じような黒い幼虫がいて、そこには「幼虫はウスバサイシンの葉をくう」と書いてあった。私は、カンアオイもウスバサイシンも知らなかったが、こんな文句を全部暗記していた。

この図鑑シリーズは、中の挿し絵に表されている通り、明らかに小学生が対象であった。たとえば、『昆虫の図鑑』には、昆虫の絵の脇に、半ズボンに野球帽をかぶった小学生が捕虫網を持って昆虫採集に出かけている絵などが挿入されてあった。そして、カラーでいろいろな植物や動物の種が分類されて描かれているページがほとんどなのだが、巻末に、少し難しい解説のページがあった。

たとえば、『植物の図鑑』の巻末には、花が茎についている並び方を示す「花序」の説明や、おしべやめしべの構造、そして、「顕花植物」と「隠花植物」やコケの生活史の区別の説明まであった。この図鑑からは、こういった言わば理論的な説明があることも知った。当時、その意味はまだよくわからなかったが、単に種名がわかるという以上の、なんとなく奥の深いものを感じた。こうして何年もの間、この図鑑シリーズを隅から隅まで何度も読んでいたので、中学校に入って、生物の時間に、たとえばめしべの「柱頭」などについて習ったときには、その内容は全部すでに知っていた。

実は、つい最近、芝生の手入れをしていたところが、指に激痛が走った。梅の木の下だったのだが、イラガの幼虫に刺されたのだ。短いトゲだらけの触角のようなものが何本も生えた、黄緑色の小さな毛虫である。このとき、これがイラガの幼虫であると瞬時にわかったのは、「こいつ」が、小さいころから見続けてきた『昆虫の図鑑』の絵そのものだったからだ。痛みはひどいのだが、本物の「こいつ」に出会えて識別できたことは嬉しかった。

さて、その次に手に入れたのが、『地球の図鑑』と『鳥の図鑑』である。これらもすぐにとりこになったが、とくに『地球の図鑑』の魅力は素晴らしかった。今は絶滅した恐竜やさまざまな化石の世界には、まさにロマンがあった。『鳥の図鑑』の方はと言えば、ただ、鳥という生き物の美しさのとりこになった。後年、バードウォッチングが趣味の一つになるが、その下地だったのだろう。

『地球の図鑑』では、最初のページを開いてすぐのところにある、「魚から人間まで」という地質年代にそっての脊椎動物の進化を描いた年表に魅せられた。カンブリア紀、オルドビス紀、デボン紀などというエキゾチックな名前と、アングピラス、イクチオステガなどというわけのわからない名前の生き物の世界があることを知って、本当におもしろかった。

アングピラスの絵は、なんだかロボットみたいな薄緑色の丸太のようなものにとんがり鼻がついていて、「あごのない甲冑魚《かっちゅうぎょ》。やつめうなぎに似ていました」と書いてある。甲冑魚とはなんなのか知らなかったが、この図鑑のあとの方に説明があったので、なんとなくわかった。しかし、「あごがない」とはどういうことなのか、あごがなくてどうして口が閉まるんだろう、という疑問はついに解けなかった。

この年表は、こうしてだんだん時代が進むとともに魚類が陸に上がり、爬虫類になって、三畳紀のころには、デルタセリデウムというイヌのようなのが出てきて、「木の上に住むけものの祖先」とある。次の白亜紀には「きつねざるの祖先。さるの最初のものです」という説明の横に、リスが必死になって幹にしがみついているような絵がある。

それから、第三紀になると「ドリオざる」が出てきて、これが「歯の形や並び方から、ゴリラや人間の祖先であることを示している」という説明。そして第四紀には「オーストラリアざる」というのがあって、「ちょうどさるから人間に移る中間のさるです」という説明がある。そこに描かれているのは、全身が毛でおおわれ、ぼうぼうの髪をはやし、腰を曲げて右手に棍棒を持った、いわゆる「原始人」なのだ。その次が「北京原人」で、次が「クロマニヨン人」。そして、現在のところに描かれているのは日本のお百姓さんで、「このように、ほぼ四億年もかかって人間ができあがりました」という説明である。

今見ると笑ってしまうところもずいぶんあるが、当時の私はすっかり魅せられて、何度この絵入り年表を眺めたかわからない。今思えば、「下等な生物」から「高等な生物」へと全体に進化が起こったという、古いはしご型の進化観に基づいた絵だ。しかし、それに続く、古生代、中生代、新生代の説明や、ウミユリやサンゴの化石の話、地球の内部の構造、火山のできかた、などなどの話はどれもわくわくするものだった。岩石の話も載っていて、高校の地学の勉強にも、この図鑑は役に立った。小学生を相手にしてはいるものの、かなりレベルの高い地質学入門の図鑑であったと思う。

五十年以上も前のものであるから、一つ一つの記述は、今では間違いとわかったことも多い。しかし、そんなことはどうでもよいのだ。科学が進歩すれば当然、今書かれているものは古くなる。知識はそのつど改訂すればよい。大事なのは、未知の世界があることを知らせ、それを探求する科学の魅力を伝えることだ。そのためには、少々難しくても、盛りだくさんでも、説明不足でもいいのである。興味を持ち、疑問がわいてくれれば、そこから先の道が始まる。子ども向けにレベルを落として完結させてしまうと、そこから先の道が始まらないのだ。何十年と愛読してきたこれらの図鑑は、そんなことを思わせてくれる。

南方熊楠のこと

紀伊田辺が生んだ人物の中でもっとも有名なのは、南方熊楠《みなかたくまぐす》であろう。一八六七年生まれ、一九四一年没。今で言えば、植物学者だろうか。英国に遊学して、大英博物館に寝泊まりしていたこともあった。粘菌その他の研究のほか、民俗学などに造詣が深く、植物学者と言ってしまうと収まりきれない、古いタイプの博物学者と言った方が似合う人物だった。

先に述べたように、私は母が入院したために、三歳のときに父方の祖父母が住んでいた紀伊田辺に引き取られた。この祖父は、どういういきさつかは不明なのだが、南方熊楠のお嬢さんである文枝さんご夫婦と親しい付き合いがあったのだ。文枝さんは、岡本清造さんという方と結婚されていて、その方は日本大学の生産工学部の教授だったと聞いていた。

祖父はときどき文枝さんと清造さんのお宅を訪ねており、私も一緒に行くことがあった。一九五六年のお正月に、祖父と文枝さんらと一緒に撮った写真がある。たぶん、いとこが撮ったのだろう。古い日本家屋で、門から玄関まで飛び石が続いていた。松の木があったように思う。ときどき、洒落《しゃれ》たうす青いガラスの容器に入ったカンテンをおやつにいただいたことぐらいしか、覚えていない。

私は何も知らなかったが、子どもがいなかった文枝さんご夫婦は、祖父に、私を養子にしたいとおっしゃったことがあるそうだ。しかし、そういうことにはならず、結局は母も全快して、私の生活は元通りになった。

その後、祖父母やおばたちとはよく連絡をとっていたが、田辺の家には数年に一度ぐらいしか訪ねる機会はなかった。一九七二年の三月末、私が東京大学教養学部理科Ⅱ類に入学が決まったとき、久しぶりに田辺の家に帰った。そのとき、おばと一緒に文枝さんを訪ねた。文枝さんは、もうずいぶんお年で健康もすぐれないようだったが、少しだけお会いすることができた。「あー、まりちゃん！」と喜んでくださった。私と南方家とのご縁は、これが最後である。

私は、進化生物学を専門とするようになるとともに、進化学の歴史についても少しは調べるようになった。そして、チャールズ・ダーウィンについていろいろと科学史・科学哲学的に興味が広がっていくのだが、南方熊楠という人物は、ダーウィン没後まもなくの英国に滞在したのである。そんな人物と私の人生が、ニアミスのようではあるが、一時、接近することがあったというのは奇遇。清少納言風に言えば、まさに「いとをかし」である。

こんな大先輩のような大仕事はできないが、私が「生物学者」というよりは、「博物学者」でありたいと思っていることの根っこには、熊楠と共有していたに違いない、紀伊田辺の美しい自然があるのだと思う。

第二章　博物学者になりたい

小学校の理科の先生たち

一九五〇年代の紀伊田辺で小さいころを過ごしたことは、私の心に大きな影響を与えた。あの美しい自然、とくに海の自然に囲まれて育ったことが、確かに私の生物への興味と愛情の根源にある。

それと同時に、私はかなり小さいころから、将来は科学者になりたいと決めていた。そのもとは、キュリー夫人について知ったことである。それが、エーヴ・キュリー著の『キュリー夫人伝』であったのか、子ども向けのテレビ番組であったのか、さだかではないのだが、ともかく小学校の低学年のうちから、科学者になるということはすっかり決めており、以後、それがゆらいだことは一度もなかった。

では、何学者になるのか？　キュリー夫人は物理学者だが、当時の私には物理学はわからなかった。「ラジウムの発見」ということのうち、ラジウムはよくわからないが、「発見」というのにあこがれた。まだ誰も知らない何かを発見するということにわくわくしたのだ。それが、生物学者になったのは、二人の先生との出会いがあったからだ。一人は、二年生で編入した学芸大学附属小金井小学校の担任の先生である、大野敬子先生。もう一人は、『ドリトル先生航海記』のドリトル先生だ。

大野先生は理科の先生で、生物学を専攻され、貝類がご専門だった。小学校二年生だったのでいろいろな教科を教えてもらったが、理科が大好きになったのは、大野先生のおかげである。

高尾山に遠足に行ったときは大雨だった。頂上付近で雨宿りしていたとき、校長先生が巨大なミミズを捕まえ、紙ではさんで大野先生のところに持ってきた。私は、ヘビとかミミズとか、手足がなくてつるつる、くねくねした動物は嫌いなので、「わー気持ち悪い」と思ったが、校長先生は、「こんなに大きなミミズは見たことないので、捕まえてみました」と言う。すると、大野先生は、「あ、これはフトミミズです。標本にしましょう」と言って、すぐに空き瓶の中に入れた。くねくねと身をよじる大きなミミズを差し出されてもまったく動じないその姿勢に、私は感動した。

しかし、この「フトミミズです」という同定は不完全だ。フトミミズは科の名称であり、日本産のミミズのほとんどはフトミミズ科だからだ。ミミズの分類は結構むずかしく、結局あれは何だったのか、今ではわからない。

四年生になると、担任の先生が大野先生から、今度は男性の小川先生に替わった。小川先生も理科の先生で、ご専門は物理だったが、授業はとてもおもしろかった。

小金井の家の庭には、紀伊田辺から祖父が送ってくれたミカンの木が数本植えてあった。そのミカンの木でアゲハの幼虫が見つかったので、飼育瓶に入れてチョウチョになるのを観察しようと思った。幼虫はむしゃむしゃミカンの葉を食べるので、毎日新鮮な葉を補給してやった。やがてサナギになった。三週間ぐらいでチョウになるというので、楽しみに待っていた。

ところが、三週間たってもきれいなアゲハが出てこない。家中でおかしいなあと言っていたら、なんと、ある日、サナギの横腹に大きな穴があいていて、飼育瓶の中をハチが飛んでいたのだ！　これを飼育瓶ごと小川先生のところに持っていったら、「これは寄生バチですね。アゲハヒメバチでしょう」ということで、ハチの方は虫ピンで留められて標本になった。聞けば、アゲハヒメバチは、アゲハの幼虫に卵を産み付け、幼虫がサナギになっている間に中からそのからだを食い尽くし、やがて成虫になって出てくるということだ。私は、サナギの中でからだを全部食べられてしまったアゲハがかわいそうで、泣きそうになってしまった。

ジュウシマツも飼っていたし、小金井の家のそばには野川公園があり、四季折々の動植物が見られた。調べると、おもしろいことはいくらでもあった。

ドリトル先生との出会い

小学校の二年生ぐらいのときに、講談社の『少年少女世界文学全集』を買ってもらった。この全集は全部で五〇巻あったが、初めから全部そろっていたわけではない。少しずつ刊行され、配本されてきた。『ドリトル先生航海記』の入った巻がやってきたのは、小学校四年生のときだった。これが、ヒュー・ロフティング作「ドリトル先生シリーズ」と私の最初の出会いである。

『航海記』は、ドリトル先生シリーズの第二作目である。最初の作品が『ドリトル先生アフリカゆき』であり、『航海記』には、そのときの話がたびたび登場する。『航海記』があまりにおもしろかったものだから、その前の話である『アフリカゆき』も読みたくなり、さらにほかの話も読みたくなって、とうとう、岩波書店の『ドリトル先生物語全集』を全巻、別にそろえてもらって読んだ。

『ドリトル先生航海記』の入った『少年少女世界文学全集』(講談社，1962年)

しかし、『航海記』がやはり群を

抜いておもしろかった。最初の出会いであったから印象が強かったということもあるのだが、いろいろこれまで読み返してみて、文学的にも『航海記』がもっとも優れているのではないかと思う。そして、『航海記』の語り手が、自分がちょうど十歳ぐらいの少年であったときのことを語るという構成も、自分で本を読むようになった年齢の子どもたちに訴えかける大きな要素であると思う。私も、このスタビンズ君に自分自身を重ねあわせて、興奮しながら読んだ。

また、この本は日本語が大変に良かった。後年、『航海記』は原書でも読んだが、井伏鱒二《いぶせますじ》の日本語訳は大変良くできていると思う。一九世紀イギリスの人物の雰囲気を日本語で表現するのはなかなか難しいが、井伏訳は、紳士のドリトル先生も、オウムのポリネシアも、ネコ肉屋のマシューほか、さまざまな階級の人間たちも、その雰囲気と性格を見事に表現している。そして、日本語としてとてもきれいな良い日本語である。

私は、あまりに数えきれないほど何度も『航海記』を読み返し、オウムのポリネシアに惚れ込んでしまったので、今でも井伏訳のポリネシア言葉が身についてしまっている。今に至るまで、私が書く日本語の基本は、井伏鱒二のこの日本語が原点であったように思うのである。

ドリトル先生シリーズに夢中だった頃．千葉県鵜原の至楽荘で行なわれた学芸大学附属小学校の臨海学校にて（1962年7月）

あとで岩波の『ドリトル先生物語全集』を読んだときに知ったのだが、オリジナルの物語には、ロフティング自身による挿し絵があった。私が読んだ講談社の『航海記』では、なぜかオリジナルではなく、宮田武彦という日本の画家による挿し絵があった。私は、この挿し絵も物語そのものと同じくらい好きだったので、本来の挿し絵を見たときには、少しがっかりした。

ロフティングのオリジナル挿し絵でこの話を最初に読んだ人は、こちらの方がしっくりくるらしい。どちらでもいいのだが、児童文学の挿し絵はそれほど重要だということか。今でも、私は、講談社版の挿し絵の方がずっと好きだ。ずんぐりむっくりした体型で穏やかなドリトル先生、少年のスタビンズ君、黒人のバンポ、アメリカ・インディアンの博物学者、ロング・アローなど、物語の内容と切っても切り離せない関係でいつも思い出され、目に浮かぶ挿し絵は、講談社の挿し絵である。

博物学への開眼と博物学の終焉

ドリトル先生はイギリスの片田舎に住む医者であり、博物学者である。世界中を旅して、各地の生物や地質、民族などを研究している。前述のように、小さいころから図鑑に親しんで自然界の森羅万象に目をみはっていた私は、この本を読んで、「そうか、これを博物学というのか」と開眼した。早速、博物学者になりたいと思うようになった。私も世界中を旅行し、未知の自然を探検しに行きたかった。ドリトル先生は、私のそういう夢を体現した人物だったのである。漠然と思っていた望みがはっきりした人生の目標の形になったのは、ドリトル先生という像を見たからだと思う。ただし、この物語の舞台と私の時代との間には百年の差があり、なんということか、私の時代には、もう「博物学」は終わってしまっていた。

『昆虫の図鑑』にあれほど魅せられていたにもかかわらず、私は、いわゆる「昆虫おたく」にはならなかった。「昆虫少年」でも「虫めづる姫君」でもなかった。植物も鳥も哺乳類も石も、みんなおもしろくて好きだったから。『地球の図鑑』をはじめとして、次に読んだ『天文と気象の図鑑』もファンになり、天文観察にもかなり足を踏み入れた。こういう森羅万象をすべて扱う学問が、かつての博物学だったのだ。しかし、現代では、それらはいくつもの専門領域に分化し、全部を理解しようなどというのは、無謀なことである。小学校から中学校時代の私は、これらすべての自然科学の領域に興味を持ち、さらに文学も歴史もと、めくるめく知的刺激の奔流の中を漂っていた。

人間の心をもった動物たち

ドリトル先生は動物の言葉を話す。動物たちは、どの種も独自の言葉を持っており、それが理解できさえすれば、動物たちと自由自在に話すことができるというのが、この物語の大前提だ。小学生だった私も、これがおとぎ話だということはわかっていた。動物にもコミュニケーションはあるに違いないが、人間と同じように考え、同じように語彙と文法を持っているわけはない。それは理解していたにもかかわらず、動物たちがいろいろと話をするドリトル先生物語は、すんなりと引き込まれて存分に楽しんだ。それほど、話自体とその登場人物(動物)たちが魅力的だったのだ。

私の母はとても現実的な人間で、こういう空想の話を露骨にばかにした。私が、ドリトル先生のお話がどんなにおもしろいか、興奮して話すと、「動物が人間と同じように話すわけがないでしょ」と、単刀直入に批判する。そこで、私もいろいろと反論するのだが、それやこれやがきっかけとなって、のちに、私が言語の起源について考えるたねが育ったのではないかと、こじつけることもできる。

実際、ここに描かれている動物たちは、みんなまるで人間である。動物の姿をしてはいるが、心はすべて人間なのだ。スズメのチープサイドはロンドン育ちのチンピラで、アヒルのダブダブは善良で単純な性質の家政婦だ。航海の途中で捕まえた魚のフィジットは、ちょっと気取った中流階級の若者で、ムラサキゴクラクチョウのミランダは、お上品な貴婦人である。だから、それぞれの動物たちが、当時のイギリスのあらゆる階級の人間たちと同じように描き分けられていておもしろい。逆に言えば、それぞれの動物らしさは、実は少しも描かれていない。これは、重要な点だ。

たとえば、『航海記』の初めの方で、スタビンズ君が先生の家に訪ねていくところがある。先生と一緒に朝ご飯を食べていると、オウムのポリネシアが入ってきて先生に何か言う。先生は食べるのをやめて出て行く。それは、野ウサギが病気の子どもを連れて来ていて、先生に診察をお願いしたいということなのだ。オウムのポリネシアが、「いまも、うら口の戸の外に、ふとった野ウサギが、赤ん坊がひきつけをおこしたから、みていただきたいと、ぎゃあぎゃあなく赤ん坊をだいてきています」と言う。しかし、ウサギの赤ん坊は、具合が悪くてもぎゃあぎゃあ泣いたりはしない。それは、人間の赤ん坊に特有のことなのだ。

小学生だった当時は、こんなことはまったく知らずにお話を喜んで読んでいたが、後年、コミュニケーションの進化について考えるようになったとき、この話は象徴的に思い出されることになった。ヒトの赤ん坊は、なぜこんなにぎゃあぎゃあ泣くのか、というのは大きな疑問なのだ。

削られた差別的表現

作者のロフティングは、一八八六年生まれで一九四七年に亡くなった。一九世紀後半から二〇世紀前半を生きたイギリス人であり、アメリカに移住した。そういう時代の人であったから、イギリスの階級社会をそっくり引きずっていたし、黒人やアメリカ・インディアンに対する差別的表現もあった。私が子どものときに読んだ井伏鱒二訳では、それらはすべてそのまま訳されていた。しかし、一九九〇年代にペンギン・ブックスに収められている原書を買って驚いたことには、そういう差別的表現のとこ

ヒュー・ロフティング

ろが全部削られていたのである。

子どもに読ませる児童文学なのだから、差別的表現はない方がよいに違いない。しかし、差別的表現が満載されたオリジナルを愛読して育った私は、差別主義者になったのだろうか？　少なくとも自分ではそう思っていない。最初に読んだときにも、子どもながらに差別的表現には気づいたが、私がこの物語全体から得たものとしては、ヒューマニズムの方がずっと大きかった。その後の教育と経験の中で差別のいけないこと、その悲惨な実態を知り、楽しいドリトル先生とは関係なく、差別の問題を考えるようになったのだと思う。

その後、実際にアフリカで過ごし、アフリカ人と一緒に仕事をする過程で、アフリカやアフリカ人に対する自分の考えを作り上げた。仕事がうまくいかず、アフリカ人たちが協力的でないときには、アフリカに対する軽蔑の感情も生まれた。しかし、アフリカ人に助けられ、言葉が違い文化が違っても人間は同じだと思うことも多々あった。

差別がいけないのは当然だが、ささいなところまで言葉狩りをして消し去ろうとすることにも、差別的表現に触れれば必ず子どもは差別主義者になるかのように考えることにも、疑問を抱いている。表面的には何を言っていようと、根源的に差別的な態度の人と、そうでない人がいる。そのような深いところでの人間観というか、世界観は、どうやって個人の中で形成されるのだろうか。興味深い問題である。

オウムのポリネシアとイギリス人のユーモア

このドリトル先生物語の中で、シリーズのおもしろさの鍵を握るキャラクターは、なんといってもオウムのポリネシアであろう。ポリネシアは賢く、機転がきき、物語の重要な転回点では必ず何か名案を出して事態を打開する。そして、なによりも、ユーモアとウイットのセンスにあふれているのだ。私がこの物語を初めて読んだのが小学校四年生のときであるから、イギリス人のユーモアというものに私が初めて触れたのは、このドリトル先生のお話においてであった。そして、その担い手は、オウムのポリネシアだったのである。

長らくアフリカに行って先生と別れていたポリネシアが、イギリスに戻ってくる。そうして先生と再会したポリネシアは、いろいろと近況を語るのだが、その中で先生が、黒人のバンポはどうしているかね、と尋ねる。これは、第一作の『アフリカゆき』に登場する黒人の王子さまだ。するとポリネシアは、バンポは今イギリスに来ていると言う。「バンポのおとうさんの、あの王さまが、ええと、なんといったかな、そうそう、ブルフォードとかいうところに、学問させによこしたのです。」「ブルフォードだって？　はてな、ブルフォードというのは。」と先生はつぶやく。「そんな地名は、きいたこともない。ああ、オックスフォードのことだろう。」「ああ、そうです。オックスフォードでした。なんでも、家畜の名前がはいっていると思ったんです。」と言うのだから、わかる人には大いに笑える。

先生とみんなが航海に出てからしばらくして、実は何人もの密航者がこの船に乗っていたことがわかる。そのうちの最後に発見されたのが、自称「うできの水夫」ベン・ブッチャーという大男だった。出航前に先生に雇ってくれと頼んだのだが、雇ってもらえなかったので、勝手に乗り込んできたのである。おまけにこいつは、みんなに発見されるまでに、船に積んであった大事な食料である塩肉を、ほとんど一人で食べてしまっていた。

ベン・ブッチャーが見つかったとき、ポリネシアはかんかんに怒って言う。「こいつが、さいごにひかえたやっかいものです。」「こいつは、世界じゅうで大ばかの大ばかの、貧乏神です。ずうずうしいにも、ほどがある。」するとバンポが言う。「こいつがねむっているうちに、重いもので、頭をなぐってやろう。船窓から海へおっぽりだしたほうがいい。」それに対するポリネシアの答えはこうだ。「いえ、それはこまります。わたしたちはいま、やばん国のジョリギンキにいるのではありません。それに、ざんねんなことには、この大男をほうりだす窓がありません。」

やばん国というのは差別用語なので、新しい本では削除されている。しかし、船の上なら、なにも船窓からほうりださなくても、海にほうりだすならいくらでも場所はあるのに、バンポが窓と言ったから、こんな大男をほうりだす窓がないという理由を挙げるところがイギリス的だ。

続いて、塩肉五五キロがみんな食べられてしまったことに困り、ベン・ブッチャーをどうするか、みんなで相談しているとき、またバンポが言う。「あの大男は、なにかの役にたたないかしら。ああ、そうだ。塩づけにして食べたらどうだろう。きっと五五キログラム以上あるにちがいない。」「ここはやばん国のジョリギンキではありません。同じことを、なんどいったらいいのでしょう。」とポリネシアは言う。「文明人の船では、そんなことはいたしません。しかし。」と、ポリネシアは、しばらく考えてから口の中でつぶやくのだ。

「でも、それはまったく名案ですね。あの男が船に乗ったことはだれも見ていない。――ああ、でもざんねんですね。ここには塩がじゅうぶんにない。それに、あの男は、たばこの味がするでしょう。」これは、まったく秀逸なブラック・ユーモアの台詞である。こんな台詞に、小学校四年生のときから触れてきたのだ。高校生になって、ジェローム・K・ジェロームの『ボートの三人男』を英語の時間に読んだとき、イギリス流のユーモアは十分に理解できた。

なにかにつけて、バンポとポリネシアは漫才のような掛け合いを披露する。クモサル島に着いた初日、珍しいカブトムシのジャビズリー甲虫が見つかる。ところが、この甲虫の足には、長らく行方のわからなくなっていたアメリカ・インディアンのロング・アローが、山の中で遭難したことを示す絵手紙がついていた。そこで、興奮した先生は、どうやってロング・アローを探そうかと思案するのだが、そこでポリネシアが提案する。「ビズビズとかいいましたでしょう、あのあわれな虫の名前、なんていいますか。」「そうだ、ここにいるよ。」と、先生はポケットからジャビズリー甲虫を取り出す。

ポリネシアは、このビズビズを放してやれば、そいつは自分の家に帰るに違いない、なぜなら、ロング・アローがこれを捕まえたとき、それはたまたま自分の住処にいたのであろうから、と言うのだ。しかし、飛んでいってしまえば見失うかもしれない、という先生の危惧に対してポリネシアは言う。「飛んでいってもよろしいです。」「いくらオウムだって、ビズビズと同じ早さで飛ぶことができますからね。わたしは、ぜったいに見のがさないことを保証いたします。」

先生がこの案に賛成し、ビズビズが取り出される。するとバンポが、「テントウムシ、テントウムシ、おまえのおうちに飛んでいけ、おまえのおうちは焼けちゃって、おまえの子どもは……」と歌い出すのだ。これに対し、「おや、だまっててください。」とポリネシアが言う。「あんまりばかにするのはおよしなさい。あなたが、いわなくたって、自分でおうちに帰るくらいの知恵はありますから。」バンポはうろたえて、こいつはもっと遊んでいたいんじゃないか、と言う。「こいつは、おうちにいるのがいやになって、出てきたらしいからね、元気をつけてやらなくちゃならんと思うんだよ。『楽しき我が家』という歌を歌ってやろうと思うのだが、どうだろうね。」「いけませんですね。そんなことをしたら、おうちにかえらなくなってしまいますよ。あなたの口には休養が必要です。」というのが、ポリネシアの答えだ。

ホッキョクグマの話

『航海記』の初めの方に、先生が北極に行ったときのエピソードが語られる場面がある。スタビンズ君と一緒に行く次の航海の目的地をどこにするか決めるとき、目隠しをして適当に世界地図を開き、そこに鉛筆を立てる。そして、鉛筆の先がさした地点をめざして航海するのだ。興奮したスタビンズ君が、北極だったら、北極にいかなくてはいけませんね、と心配して言う。この物語の時代、まだ北極には誰も到達していなかったからだ。

しかし、先生は鉛筆を削りながら静かに言うのである。「いや、わしのこの遊戯の規則では、前に行ったことのあるところへは、ゆかなくてもよいことになっておる。もういちど、やりなおしてもいいのだよ。わしは北極に行ったことがあるからね。」これを聞いてびっくり仰天したスタビンズ君は、北極をめざして行った人たちのルートはみんな、その名前とともに地図に載っているのに、なぜ先生の名前はないのでしょう、と聞く。

先生の答えはこうだ。先生が北極点に到達したとき、おおぜいのホッキョクグマたちがやってきて、ここにはたくさんの石炭が氷の下に埋もれているのだが、それが知られるようになると、人間たちがどんどん押し寄せてきて、彼らの安住の地がなくなってしまうだろう、だから、北極点に行くルートは秘密にしておいてほしい、人間たちは石炭を手に入れるためならなんでもするだろうから、と言ったのである。そこで、先生は、秘密にしておくと約束したのだ。

さて、ロフティングは、この話をどうして思いついたのだろう？　北極は南極と違って大陸がないので、北極の氷の下に石炭があるということはないはずだ。こんな疑問は、この物語を読んだ当時はまったく思いもつかなかったが、私は、二〇〇五年の八月に北極圏を航海したのである。

私は、イギリスの一般向け科学雑誌、『ニュー・サイエンティスト』をずっと購読しているのだが、二〇〇五年の五月ごろ、そこに北極圏ツアーの広告が載っていた。ノルウェーのオスロからさらに北に飛び、スバールバル諸島のスピッツベルゲン島のロングイェールビーンに集合。そこからロシアの船に乗って北極圏を一週間旅する。『ニュー・サイエンティスト』の編集部の企画で、生態学、気象学、動物学、物理学などの専門家が同行し、毎晩、レクチャーをしてくれるそうだ。早稲田大学政治経済学部に所属していた最後の夏休みである。私は、これに参加することに決めた。

このスピッツベルゲン島は、確かに石炭で有名なところなのだ。そのことは、高校の地理の時間に習った。そんなことはすっかり忘れていたのだが、スピッツベルゲン島を自分で訪れたのだから、この島での石炭採掘がいつから始まったのかを調べてみた。すると、二〇世紀の初頭で、一九一二年ごろからロシアとノルウェーが始めたということである。それはまさに、ロフティングがドリトル先生の物語を書き始めたころであった。彼は、第一次世界大戦従軍中に、この話を子どもたちにあてて書き始めたのだから。

それに、スピッツベルゲン島には、本当にたくさんのホッキョクグマがいるのである。私の旅行中には、上陸地点の一つである、スミアレンブルグというかつての捕鯨基地で、目と鼻の先の距離でクマと遭遇した。かつては、ロフティングが危惧したように、ずいぶん狩られてしまったのだが、現在のスピッツベルゲン島では、ホッキョクグマは厳重に保護されている。そのおかげでかなり個体数は回復したらしい。このとき以外にも、私の航海中にクマを見る機会は数度あった。

クマは、ぬいぐるみの可愛らしいイメージだが、ぬいぐるみではなく、危険な哺乳類である。食肉目の猛獣で、大きなアザラシを捕まえ、海から引っぱり上げて食べるような力持ちだ。そういうクマがたくさんいるので、スピッツベルゲン島を歩くときには、必ず威嚇射撃用の銃を携行しなければならない。しかし、もしもクマを殺してしまったら、これは、殺クマ罪でずいぶん厳しく調べられるそうだ。つまり、クマと

スピッツベルゲン島で出会ったホッキョクグマ

遭遇したら、クマを傷つけず、自分も傷つけられないようにうまく対処することが求められているのである。
北極圏航海旅行の私たちは、必ずレンジャーと一緒でないと島を歩いてはいけない。スミアレンブルグで私たちがクマに出会ったとき、クマはこちらを向いて静かに立っていた。レンジャーは、まず照明弾を打ち上げる。クマは、たいして反応しない。「なんだ、またかよ」とでも言いたげな感じだ。二発目の照明弾。これでクマはゆっくりと踵《きびす》を返して、もと来た方向に戻り始めた。ゆっくりゆっくり走る。「はいはい、別に悪気はありませんよ」。そして、立ち止まってこちらを振り向いた。私は、そのとき写真を撮った。それまでは、クマに会ったということで茫然自失していたのである。

『航海記』に出てくる北極の石炭とホッキョクグマの話は、きっとスピッツベルゲン島がモデルであったに違いない。狩猟によってクマの個体群は一時減少したし、石炭開発もあった。しかし、ロフティングが危惧したように、それによってホッキョクグマの平和な楽園がなくなってしまうことはなかった。ロフティングが亡くなったあとの二〇世紀の後半に入ってから、環境保護の重要さに気づいた人間の叡知を、一応はほめたいと思う。

しかし、その後、人間は石油というものを発見してしまった。そして、石油をめぐる争いと石油文明がもたらす気候変動が、現在の私たちの世界にもっとも深刻な黒雲の一つを投げ掛けている。今、温暖化によって北極の氷は、これまでにない速度で溶けている。生息地の環境の激変により、クマだけでなく北極のすべての生物が大きな影響を受けているのだ。

ドリトル先生とホッキョクグマの話は、まだほかにもある。確か、『ドリトル先生と秘密の湖』の話であったと思うのだが、先生は流氷に乗ったホッキョクグマの親子に出会う。クマとしばらく話したあとで先生は、「ちょっと船にあがってお茶でもどうか」と誘う。すると母グマが、「それはたいへんご親切なことでございますが、船の上はこの子の足の裏には熱すぎるでしょうから」と言って辞退するのだ。これは、相変わらずきわめて人間的関係の中にとらえられたクマとの会話だが、クマの視点から出された発言であり、子ども心にも新鮮であったのでよく覚えている。

私の北極圏旅行で最北の北緯八〇度、スピッツベルゲン島のさらに北に位置するモッフェン島の近くに到達したときだ。夜中の一時半。八月なので周囲はまだ十分に明るい。そのとき、海を泳いでいるホッキョクグマが遠くに見つかった。このときはカメラを持っていなかったので、ただただ、双眼鏡でその姿を覗いているだけだった。クマは、大きくジャンプして流氷の上に飛び乗った。そして、ブルブルッと身をふるわせて海水のしぶきを飛ばす。低く傾いた太陽に、クマの毛皮がクリーム色に輝いていた。これを見たとき、最初に私が思い出したのが、このドリトル先生とクマの親子との会話であった。ときは北極の夏の終わり。気温は零度から三度だが、流氷でいっぱいの海水の温度はもっと低いだろう。しかし、彼らにはこれがちょうどいい温度に違いないのである。もっと寒くたって平気だ。確かに、船の上では、足の裏が熱すぎる。

紳士科学者

ドリトル先生は、一九世紀の紳士科学者である。資産があって、特別に職業についていなくても、好きなように研究ができる身分の人だ。『航海記』の中で、自分も先生のような博物学者になりたいというスタビンズ君に対して、先生は、博物学者はまったくお金もうけはできない、著作でほんの少しばかりお金が稼げるようになったのはごく最近だというようなことを言う。しかし、あんなに大きな家と庭を持ち、あれだけたくさんの動物たちを飼い、しばしば世界旅行に行く先生は、研究活動でお金を稼いで暮らしているのではない、資産家である。

こんなドリトル先生のモデルのような人がいた。それは、一八六八年生まれのウォルター・ロスチャイルドである。あの有名な銀行家のロスチャイルド家の長男で、ケンブリッジ大学で動物学を学んだ。動物が大好きで、動物学者になるよう勧められたが、銀行業を継いだ。しかし、銀行業にはあまり身を入れず、結局は弟が継ぐことになり、彼は、ハートフォードシャーのトリングというところにある一家の所有地で、さまざまな動物を飼育し、標本収集もした。彼が発見した新種もいくつかあり、大きな哺乳類で有名なのは、ロスチャイルド・キリンである。

彼は、シマウマに曳かせた馬車に乗ってロンドンのハイド・パークを練り歩いたことで有名になった。トリングの地所には、ガラパゴスゾウガメも飼われていて、その背に乗った彼の写真が残されている。時代的にも整合するし、おそらく、このロスチャイルドは、ドリトル先生のモデルだったのではないか？

トリングの家は、彼の死後に動物の博物館となり、今では、ロンドンの自然史博物館の姉妹館となっている。実は、ここに、有名なダーウィンがビーグル号の航海で採集した、ガラパゴス・フィンチの標本が収蔵されているのだが、その話はまたあとにしよう。

科学の研究が、科学者という職業集団によって担われるようになるのは、一九世紀後半からである。それまで、科学研究は、広く哲学研究やキリスト教神学の研究と結びついて、聖職者や、パトロンのいる研究者や資産家によって担われてきた。つまり、ほかに収入の道があって、食べるには困らない人たちである。チャールズ・ダーウィンは、その典型であった。

それが、一九世紀後半から、大学や各種学校で科学を教える教師、博物館で標本を管理する学芸員というような、科学研究で給料をもらって生活する職業人としての科学者が生まれた。その先駆けの一人は、ダーウィンのブルドッグというあだ名で有名になった、トーマス・ヘンリー・ハックスリーだろう。彼には資産がなかった。彼は、船医として世界一周の航海に出かけたとき、オーストラリアのシドニーで出会った女性と恋に落ち、結婚の約束をした。しかし、彼女をイギリスに呼び寄せて結婚できるようになるまでには、実に七年もかかった。それだけの給料が得られる、王立鉱山学校の教授職が見つかるまでは、自分が食べるだけで精一杯だったのだ。

資産があって、苦労せずに研究に専念できる人が研究に従事するような時代は終わった。ドリトル先生は、科学者の生き方として、紳士科学者が好きなように研究するという、「古き良き時代」の遺物なのである。

大学や研究所に勤める職業人としての科学者が、研究資金の獲得のために苦労して計画書を書き、応募書類や評価の書類に悩まされながら研究をするという今の体制は、無駄も多いが、本来、健全なやり方であったのだと思う。しかし、昨今の科学研究をめぐる激化した競争と評価の状況は異常だと思う。

第三章　進化と行動研究への足がかり

魅力のなかった中学・高校の生物学

私の専門の一つは(今や、結構たくさん「専門」と言えるものがあるのだ)行動生態学である。これは、動物の行動の研究だが、対象はおもに野生の動物であり、彼らがその生態環境との関係でどのような行動を選択し、それらの行動選択はどうして進化したのかを探る学問である。

とは言うものの、私がこのような研究を志した学部学生のころ、「行動生態学」という名称はまだ存在しなかった。そして、私は東京大学の理科Ⅱ類に入学していたのだが、当時、この手の学問ができる学科は、実は東大には存在しなかった。

私が東京大学に入学したのは一九七二年であり、大学紛争の二年あとだった。政治的な学生運動はまだ続いていたが、安田講堂の占拠が機動隊の突入で終わったあとの大学には無力感が漂っていた(こんなこと、今の若い人たちにはまったく想像もつかないだろう)。東大闘争の結果として、大学運営の方法が良くなったこともいくつかあるのだが、大学の授業や試験のやり方などは基本的に以前と変わりなかった。大学に関する情報もまったく不十分だった。現在の大学改革で、「学生はお客様です」といった具合に手取り足取り、オープン・キャンパス、大学説明会、研究室訪問、シラバス、学生による授業評価などが導入されるようになった事態と比べると、まだとてつもなく閉鎖的だった。

そこで、東京大学に入学はしたものの、たとえば、動物が好きで動物の生態の研究をしたいと思っても、東京大学理学部動物学教室ではそんな研究はまったくできないなどということは、学生にはわからなかったのである。

これまで述べてきたような背景があったので、私は心の底では動物の研究がしたいと思っていた。しかし、小学校の高学年になるにつれ、物理や化学に惹かれるようになった。一つには、当時購読していた『子供の科学』というような雑誌には、生物学よりは物理や化学の記事の方が多く、化学の実験がとても魅力的だったことがある。

東大理科Ⅱ類に進学した夏休み，同級生の家族と房総の海へ．採集したムラサキウニを見る(1972年7月)

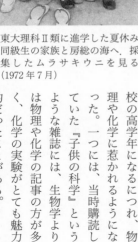

そこで、親におねだりして、フラスコやビーカーなどが一式そろった化学実験の道具を買ってもらった。子どもは薬品を買えないので、母に一緒に来てもらって薬局で二酸化マンガンを買い、酸素を作ったり水素を作ったりしてとても楽しかった。そして、確かに、物理学や化学には理論的な体系があって、全体を解きほぐして説明してくれるエレガンスがあった。残念ながら、生物学には、それに匹敵するものが明確には見えなかった。

アポロ11号が月着陸に成功したのが高校一年のときである。私は、テレビ中継の画面を食い入るように見つめながら徹夜した。地球環境問題などはまだまったく考慮されず、米ソの宇宙開発が、冷戦の軍拡競争の一翼として行なわれていることも知らず、ただただ科学のロマンとして熱狂的に語られることを真に受けていた。

しかし、二〇世紀生物学の最大の発見の一つは、まさに私が中学・高校のころになされたのであり、その後、破竹の勢いで発展していった。それは、ワトソンとクリックによるDNAの構造解明である。これをきっかけに、遺伝情報がアデニン、シトシン、グアニン、チミンの四種類の塩基のうちの三文字からなることがわかり、どんな三文字がどんなアミノ酸を指定しているのか、次々に解明されていった。そして、この遺伝暗号がすべての生物で同じであることがわかり、また、RNAがどのようにしてDNAの暗号から転写され、それがアミノ酸を作ってつなぎあわせていくのか、などもわかるようになった。

ワトソンとクリックの二人がノーベル医学・生理学賞を受賞したのは一九六二年であるから、私がまだ小学生のときだ。こんな興奮の時代であったはずなのだが、私の受けた中学・高校の生物の授業では、その興奮は一つも伝わってこなかった。私が、遺伝情報の謎のおもしろさについて初めて読んだのは、『継ぐのは誰か？』という小松左京のSF小説で、当時、『SFマガジン』に連載されていた。しかし、この連載小説は楽しんだものの、それが学問的興味に発展することはなかった。まだ、そのころは、この知識を私の中で具体的に位置づけるだけの枠組みがなかったということである。

分子生物学の時代

東京大学の理科Ⅱ類では、生物学関係の授業がたくさんあった。それらはおもに植物生理学や動物発生学で、とてもおもしろかった。先生たちの個性もよかった。たとえば、植物生理学の磯谷遙先生は、植物について教えると同時に、ハンス・ライヘンバッハの『科学哲学の形成』という本を読むようにと薦めてくださった。私はまじめにその本を読み、いろいろわからないところがたくさんあったが、読み通した。それは、後年、私が科学と社会について教えるときの基礎になった気がする。

しかし、私が子どものころから惹かれていた、まるごとの生物個体の暮らし方にかかわる生物学の講義はなかった。そのうち、分子生物学という新しい学問分野に出会った。これが、ワトソンとクリックによるＤＮＡの構造解明に始まり、遺伝情報の詳細を明らかにしていく新しい学問だった。これは本当におもしろかった。

なにしろ、メンデルの法則という、カビの生えたような古くさい話の裏に隠されていた詳細が、次々に最先端の研究でわかっていくのである。ＤＮＡの二重らせん構造という仕組みによって、遺伝情報が正確に複製されるようにできているのだ。そのＤＮＡの片方から、今度は一本鎖のＲＮＡが作られる。そこにリボゾームというのがやってきて、一つずつアミノ酸をひろってきてつなぎあわせ、タンパク質が作られること、こういった過程でまちがいが起こるのが突然変異であること、などなど、みんなきちんと説明されていくではないか！　これは、わくわくしないではいられない。

ワトソンが書いた、今ではもう何度も改訂されて読み継がれている古典である、『遺伝子の分子生物学』の原書第二版が出版されたのがこのころだ。それを学部で講読するゼミがあるというので、興奮した私もそれに参加した。興奮していた友達はたくさんいて、原書講読ゼミなのに、七五人ぐらいが集まった。結局は、学生が多すぎることもあり、ただただ英文を訳すだけで精一杯になってしまったが、確かに、まったく新しい生物学の始まりの興奮にふさわしい、活気に満ちたゼミであった。

大学で出会った先端の生物学は、こうしてどんどん個体から遠ざかり、細胞に、分子に、遺伝子に、とミクロな話になっていった。普通なら、ここで分子生物学にのめり込み、図鑑やドリトル先生の世界は過去のものになるのだろう。しかし、先に述べたように、本当に小さいころから図鑑やドリトル先生に惹かれて動物の研究がしたかった私は、心のどこかで丸ごとの個体としての動物の研究への興味を捨てることはできなかった。

ところが、そういうマクロな生物学は、東大では存在が見えてこなかった。ミクロの生物学もおもしろかったし、一生懸命理解しようとはしたが、二年生になって進路を決めるとき、生物学を選択しようとする決定打には欠けていた。そこで、地球物理にしようかな、それで海洋をやって、海の底にでも行こうかな、と漠然と考えていた。海洋というところに、生物に対する未練が垣間見られるのである。

ついにマクロの生物学へ

ここで、私をマクロの生物学に決定的に揺り戻す大転回が起きた。それは二年生の後期に受けた菅原浩先生の講義である。先生は動物学教室のご出身で神経生理学がご専門だったが、その年は退官の年であり、先生の最後の授業だった。そこで、先生が「今もっともおもしろいと思う分野」ということで、動物の行動と進化に関する講義をなさったのである。自分の専門では全然ないが、「私が今二〇歳だったら、これをやりたい」とおっしゃって、それはそれはおもしろい講義シリーズだった。

おりしも一九七三年、分子生物学が真っ盛りのときであるにもかかわらず、動物行動学の祖である、カール・フォン・フリッシュ、コンラート・ローレンツ、ニコ・ティンバーゲンの三人が、ノーベル医学・生理学賞を受賞したのだ。ときは、遺伝暗号解明の興奮の時代であり、分子生物学によって初めて、生物学が物理学のような理論の世界に入ろうとしていた時代である。動物の行動と進化の研究は決して主流ではなかったのだが、このノーベル賞によって、それが生物学の一つの分野として公式に認められた。これは画期的なことだった。

私はノーベル賞の内幕も政治も知らないので、なぜこの時期に動物行動学がノーベル賞の対象になったのかの詳細は知らない。しかし、今から振り返ってみても、これは本当に先駆的な決断だったと思う。動物の行動と生態を研究する学問は、その後、大雑把に言えば二つの方向に分かれ、一つは行動生態学に、もう一つは認知神経科学となって発展した。しかし、この二つとも、当時は、現在のような発展があるとは誰も予期していなかったし、行動生態学がその後に結びつくことになる生物多様性の生態学も、まだ存在していないも同然だったのだ。当時の生物学者の中でも、このノーベル賞の意味を本当に理解していた人たちは、実はそれほど多くはなかったのではないだろうかと疑ってしまう。

神経生理学をご専門とされていた菅原先生は、行動を引き起こす基礎である神経のミクロな研究をされていた。そこで、神経系の活動のマクロな結果である個体の「行動」というものが、その個体の生きる生態環境との関係でどのような意味を持ち、それゆえにどのように進化してきたのかを探る動物行動学は、先生にとって新鮮でおもしろく、そして重要な分野に感じられたのだろう。「これは自分の専門ではないので、私自身、いろいろ勉強した受け売りである」と断りをつけられたが、今もし自分が二〇歳だったら、この分野の研究をしてみたいとおっしゃり、先生自身、わくわくしながら授業の準備をされただろうことがよく伝わってきた。

この授業で、私は初めて、ガン・カモ類のヒナが、孵化《ふか》後数分の間に見た動くものを親と思ってどこまでもついていくようになる「刷り込み」という行動があることを知った。また、動物は人間と同じように世界を認識しているのではないことや、渡り鳥が渡りをする仕組み、信号とコミュニケーションなどについて学び、自然淘汰《しぜんとうた》と性淘汰《せいとうた》という進化の理論の基礎を教わった。

それまでの生物学の授業で習った、細胞内の細かい代謝の仕組みやDNAの構造もおもしろかったが、行動の話はそのようなミクロな話とは異なり、まさに丸ごとの個体が生きていることにかかわる話であり、目を奪われるようだった。それは目に見えない話ではなく、実際に生きて動いている動物の暮らしの話だった。つまり、ドリトル先生の世界が、本当に学問として存在したのである。

コンラート・ローレンツ

それ以後、動物の行動に関する一般書を片っ端から読んだ。とくに、ノーベル賞を受賞した三人の中でもっとも有名だったコンラート・ローレンツの著作はおもしろかった。中でも『ソロモンの指環』は傑作である。

コンラート・ローレンツは、オーストリアのウィーンの郊外、アルテンベルクという小さな村で生まれた。裕福な医者の一人っ子だった。広大な敷地があり、動物好きだったローレンツは、小さいころからたくさんの動物を飼って一緒に暮らした。敷地の中に木立もあれば池もあり、館には何十も部屋がある。日本ではちょっと考えられないが、ヨーロッパには古くからあるたぐいの暮らしであることが、のちにイギリスで数年間過ごすうちにわかった。彼の動物観察は、そういう環境で育った子どものころからずっと行なってきた、毎日の生活の一部だったのである。彼も、どちらかと言えば、ドリトル先生と同じような、一九世紀の紳士科学者の世界に属していたのかもしれない。『ソロモンの指環』の中には、そんな彼の子ども時代の動物との生活が大変魅力的に描かれている。

コンラート・ローレンツ

話は少しそれるが、イギリスやヨーロッパの「自然」とのつきあい方は、今の日本のそれとは違う。日本にはもちろん、日本古来の自然とのつきあい方があるのだが、社会が急速に変化するとともに、それは様変わりしてしまった。その中心となるアイデアは、都市の方が農村よりも高く評価されることであり、人工物に

『ソロモンの指環』

囲まれた都市での暮らしに憧れる価値観が、戦後の日本には一貫してあったことである。その結果、日本中で「里山の自然」が消えていき、「自然」はどこか離れたところにあって、特別に見に行くものとなってしまった。

イギリスやヨーロッパでは少し違う。都市での暮らしがそんなに素晴らしいものとは思われていない。そもそも、あまり大きな都市がないということもあるが、人々の生活がもっと自然に密着している。郊外には、舗装《ほそう》されていない自然遊歩道がたくさんあり、長靴をはいて泥んこになりながらの「散歩」というのが、生活の一部になっている。ローレンツほどの広大な敷地のある屋敷に住んでいる人たちは確かに少ないが、公共の場所としての自然公園や自然遊歩道は、たいへんによく整備されている。動物の行動の研究といっても、このような伝統のもとで生まれてきたのだ。

『ソロモンの指環』という題名も、ドリトル先生の話に通じるものがある。どちらも、動物の言葉を人間が理解するということだからだ。ドリトル先生は、人間の言葉を覚えた賢いオウムのポリネシアからオウム語を習い、そこから始めて多くの動物たちの言葉を習得した。これは、伝統的な外国語学習である。一方、伝説の王様のソロモンは、特別な指環を持っていて、それをはめると動物たちの言葉がわかるようになるという。なに、これは今で言うところの「自動翻訳機」ではないか！　旧約聖書の時代の人々が考えた突拍子もない事柄が、めぐりめぐって実現するようになったのが現代なのか。

ローレンツは、動物の身振り、表情、行動を観察することから、動物が何をしているのか、動物の行動にどんな意味があるのかを研究する、動物行動学という学問分野を切り開いた。その研究は、ソロモンの指環を手に入れるようなものだというわけだが、これは、自動翻訳機の発明ではない。自動翻訳機は、人間という同種のコミュニケーションが持っているいくつかの言語間の翻訳だから、簡単と言えば簡単。まったく異なる感覚世界に住んでいる他種の動物を理解するには、人間の常識とは異なる角度からのたくさんの観察と分析の積み上げが必要なのである。

刷り込みと生得的解発機構

ローレンツをはじめとする動物行動学者たちの初期の業績の中で有名なのは、「刷り込み」や「生得的解発機構」であった。刷り込み(インプリンティング)とは、先にも述べた通り、ガン・カモ類などの水鳥のヒナが、孵化後の数分に見たものに対して愛着を覚え、それについて歩くようになる行動だ。これは本能なのだろうか、学習なのだろうか? ヒナが孵化後数分以内に見た動くものについて歩くということ自体は、遺伝的にプログラムされている。しかし、それが何であるのか、「何に」ついて歩くようになるのか、その具体的な内容はプログラムされていない。そこで、ローレンツが自分でハイイロガンのヒナを育てると、彼らはローレンツを親と思い、彼が行くところにはどこでもついて行き、彼が走れば彼らも走り、彼が池に入って泳げば、彼らも続いて泳ぎ出す。

生得的解発機構というのは、ローレンツと同時にノーベル賞を受賞した一人の、ティンバーゲンの発見である。彼は、セグロカモメの研究を通じて、彼らの行動にはいくつかの定型的なパターンがあることを発見した。その一つは、卵を抱いて巣についているカモメの親の行動で、卵が巣から転がり出てしまうと、彼らはそれをくちばしで回収して巣の中へと戻す。しかし、それは巣のほんの周辺の範囲内のことであり、その範囲よりも遠くに卵が転がっていってしまうと、もう注意を払わない。ティンバーゲンが実験的に彼らの卵をいろいろな異なる距離に置いてみると、確かに、ある距離までは卵の回収を行なうのだが、それよりも遠くになると、回収行動は起こらなくなった。また、一旦その回収範囲に置かれた卵を見て、卵の回収行動が始まると、途中で研究者が卵を取り去ってしまって何もなくなっても、彼らは、律義にくちばしで卵を回収しようとする行動をいつまでも続けるのだった。

また、ヒナの行動を見てみると、ここにもまた別の定型的な行動パターンがある。ヒナは、餌を持ってきた親のくちばしを見ると、その先端をつついて餌ねだりをするのだが、それは、親のくちばしの先端にある赤い斑点に対してであるのだ。そこでティンバーゲンがいろいろな模型を使って実験してみると、親の頭やくちばしの形などは実物とほど遠いものであっても、先端に赤い斑点がありさえすれば、ヒナはそれに対して餌ねだり行動をしたのである。一方、どんなにリアルなセグロカモメの頭部の模型であっても、くちばしの先端に赤い斑点がなければ、ヒナは餌ねだりをしなかった。

これらの研究から明らかなのは、ここにあげたような彼らの行動は、なんらかの生得的な刺激によって自動的に引き起こされるということだ。彼らは、私たち人間が思っているようには、世界の全体を理解して行動を起こしているわけではない。なんらかの特定の刺激が鍵となって、一見複雑な行動の連鎖が引き起こされているのである。

私たち人間のおとなの世界の理解を当然のこととして、他の動物の行動を解釈しようとしてはいけない、という教訓である。

これらの研究は、結局のところ、動物の行動が「定型的」であることに重点が置かれているように見える。しかし、動物の行動に関するそれ以前の研究では、もっと単純な、何もかもがあらかじめ決められた「本能」による行動と、まったく白紙の状態のところに学習によって築かれていく複雑な行動という対比で説明されていた。ローレンツらの研究は、動物の行動を支配している原理はそんな単純なものではなく、生得的なものと学習とが複雑に入り組んで作られていることを示したのだ。

たとえば、『ソロモンの指環』の中に書かれたエピソードの多くは、自動人形のような動物の話ではない。私の印象に残っている話はいくつもあるが、そのうちの一つは、シクリッドという魚の話だ。これは、親が卵と稚魚を自分の口の中に入れて育てる、マウス・ブリーダーと呼ばれる魚たちの一種である。彼らは、産卵のあとで一つ一つ卵を口の中にすくい取り、大事に保護する。稚魚がかえると口から外に出し、稚魚は親のまわりを一緒に泳ぐ。しかし、捕食者が近づくなど、なにか危険なことがせまるとすぐに親はパクパクと子どもたちを口の中に回収する。その素早いことと言ったら！　この話に登場するシクリッドでは、子育てをするのは父親である。

ローレンツと学生たちは、この魚を水槽で飼って観察していた。このシクリッドの父親は、あるとき、口の中いっぱいに稚魚を入れていたにもかかわらず、大好物のイトミミズを見つけてしまった。彼の自然な欲求は、それをパクッと口中に入れることだった。そして、その通りにした。さて、しかし、イトミミズを飲み込もうとすれば、稚魚たちも一緒に飲み込むことになってしまう。父親は明らかに「ためらった」。どうなることかとローレンツたちが見守っていると、その父親は、一瞬迷ったあげくに口の中のものを一度全部外に吐き出した。そして、大急ぎでイトミミズだけを飲み込んでから、次にそそくさと子どもたちをかき集めたのだった。

シクリッドの父親は、決して人間と同じようにジレンマを感じたのでもなければ、人間と同じような心的過程を経て解決に至ったのではない。しかし、彼だって、生まれて初めて遭遇するジレンマに対し、単なる定型的な「本能」で対処したのではないのだ。

それを言えば、私たち人間だって、こんなジレンマに対するとっさの解決は、別に熟慮しての行動ではない。動物というのは、植物とは違って自ら動くことのできる存在である。日々刻々と、次に何をするか、どこへ行くかを決めなくてはならない。行動学ではそれを「意思決定」と呼ぶが、それは、人間が考える熟慮の意識的決定ではない。そして、人間の「意思決定」の多くも、同じように無意識に行なわれているのである。

ティンバーゲンの四つの「なぜ」

『ソロモンの指環』を夢中になって読んでいたあのころから四〇年以上が過ぎた現在の時点で振り返ってみると、生物に対する興味のすべては、個体レベルでの「不思議」の発見から始まるのだと思う。なぜチョウはあの特定の花にやってくるのか？シジュウカラはどうやって春が来たことを知ってさえずり始めるのか？サルの「ボス」と言われる雄は何をしているのか？サルの赤ちゃんはどのようにしておとなのサルに成長していくのか？イヌとネコはなぜあんなにも気性が異なるのか？すべての疑問は、目に見える生物現象の観察から始まる。

このような疑問を抱いたあと、それをどのようにして解決するか？そこから道が分かれる。ある人々は、そのような行動を引き起こしているメカニズムの解明にはまって、どんどん細かい話に入り込んでいく。細胞へ、細胞の中のさまざまな分子の動きへ、遺伝子の解明へと。小さな方向へと進んで遺伝子レベルへと至る道が、分子生物学である。また、行動を引き起こすための感覚の細胞、感覚の感知のされ方、神経の発火、神経の伝達といった方向へ行くのが、神経生理学である。

これらの方向も十分に興味深いのではあるが、私は、そのようなメカニズムはともかく、個体の行動の持つ意味と、それがなぜ進化してきたのかを知りたかった。それが、今でいうところの行動生態学である。このような研究アプローチの違いを鮮明に表現したのが、ティンバーゲンの四つの「なぜ」と言われるものだ。オランダ生まれ、イギリスのオックスフォード大学で活躍したティンバーゲンの業績は、先に述べたセグロカモメの行動研究も重要だが、この四つの「なぜ」という理論的分類は、研究の大きな方向づけを明確にするという意味で、もっとも重要だったのではないかと思う。

動物の行動を観察して「なぜ」と疑問を持ったとして、そのときの「なぜ」には、実は四つの異なる解決の方向があるのだ。一つは、細かい方へ行くやり方で、その行動が引き起こされるメカニズムの解明である。神経がどう働いているのか、遺伝子がどうなっているのか、という話だ。これを、至近要因の解明と呼ぶ。そうではなくて、私がもっとも知りたいと思っているように、そんな細かいメカニズムはさておき、その行動はどんな意味を持っており、なぜ進化してきたのかを知りたい、という方向もある。これは、その行動の生存・繁殖における意味の解明であり、生存と繁殖上どんな価値があったから進化してきたのかを解明する研究である。これを究極要因の解明と呼ぶ。

一方、その行動は、個体が生まれてからおとなになるまでの間に、どのような過程を経て発達してくるのか、という疑問もあり得る。鳥のさえずりは、ヒナのころのピーチクパーチクからどうやって「まともな」さえずりになるのか、ヒトはどのようにして、自分勝手な子どもから他者に配慮する社会的存在になるのか？　これらは、発達要因の研究と呼ばれる。

最後に、長い進化史から見ると、これらの行動は、それ以前のどんな行動から進化してきたのだろうか、という疑問もある。ヒトの五本指が、それ以前の哺乳類のどんな指から進化してきたのかといったような形態の進化については、これはごく普通の疑問である。行動に関しても、同じような問題設定が可能なのだ。ヒトはおかしいと笑うが、この「笑い」という行動は、それ以前の類人猿やサルたちのどんな行動から派生してきたのか？　ニワトリの雄は、求愛のときに地面をつつく行動をするが、この行動のもとは何だったのか？　これらは、系統進化要因の研究と呼ばれる。

ティンバーゲンが四つの「なぜ」を明確に分ける必要性を感じた理由は、これらがしばしば混同されて論じられていたからだ。究極要因の疑問に対して至近要因で答え、互いに相手の答え方を批判するようなことが行なわれていた。彼はそれを整理して道筋を明らかにした。それを知ることにより、私は、自分の目標が究極要因の解明にあることをはっきりと自覚できたのである。

菅原先生の講義は、また、私にとって初めての進化学の講義でもあった。自然淘汰と性淘汰の理論を中心とし、行動がなぜ進化するかを解明していく理論的枠組みを教えてくださった。私は、当時、この講義に本当に興奮していたので、毎回、その講義の内容を、今の夫である長谷川寿一に話した。

寿一とは、高校のときからの同級生だが、駿台予備校を経て東大に進んでから、一年生のときの駒場祭がご縁でつきあいを始めた。彼は文科Ⅲ類から心理学へ進むことになるのだが、駒場の教養学部時代、互いにこれからの進路について、学問的興味について、さんざんいろいろと話し合った。のちに、進化学についてどこで最初に触れたのかを話していたとき、寿一は、私が菅原先生の講義で自然淘汰と性淘汰の理論について習ったのだということを覚えていた。なんと、私はすっかり忘れていたのである。私が鮮明に覚えていたのは、渡り鳥が太陽コンパスを使って渡りをするなどの、個別の興味深い行動の事例ばかりだった。人の記憶は頼りない。というか、理論的な事柄について、当時の私の記憶がそれほど鮮明でないということは、私自身の当時の興味のありかをよく示している。「進化学の理論的な美しさに惹かれた」などと言えればいいのだが、実はそうではないらしい。

こうもり傘の威力

『ソロモンの指環』の中で語られているおもしろい挿話の中で、もう一つ、のちのちまで私の頭にこびりついていた印象的な話がある、それは、ローレンツの奥さんがガンたちに対してとった行動の話だ。ローレンツはハイイロガンをたくさん飼っていたが、彼らは奥さんの花壇や野菜畑にしばしば入り込んでは中を荒らした。そこで、ローレンツの奥さんは、ある日、ガンたちに向かってこうもり傘をパッと開いては閉じ、またパッと開いては閉じる、というディスプレイを行なったのだ。ガンたちは、これには仰天して逃げていったという。ユーモラスな挿し絵もついていたので、ますます印象に残った。

二〇〇四年の夏、うちにスタンダード・プードルの子犬がやってきて家族の一員になった。名前をキクマル(通称キク)という雄の子である。うちに来たときには、まだ生後三カ月だった。いろいろと事情があって、キクがうちにやってきて数カ月は、私は別のところで暮らしていた。そこで、初めて私と会ったとき、キクは私を友達扱いしようとした。そして、さらには、なんとかして自分の方が順位が上だということを印象づけようとし始めたのである。

これはまずい。イヌとの長いつきあいがこれから始まろうとしているのに、イヌの方が偉くなってたまるものか。キクが私につっかかってこようとしたある日、私は、ローレンツの奥さんのことを思い出した。そして、本当に都合よくそばにあった折り畳み傘を手に取った。キクはなんにもわからないらしい。そこで、私は、無邪気なキクの目の前で、いきなりパッと折り畳み傘を開いたのである。

キクは心底びっくりした。尻尾をまいて、耳を垂れ、後ずさりした。そこで私は二度、三度と傘を開いたり閉じたりしてみせた。キクはとうとうお風呂場に退却して、しばらく出てこなかったのである。こんなに恐怖心を起こさせたとは、こちらも予期していなかった。そこで、そのあとは一生懸命抱っこしたり、なでなでしたりして関係の修復をはかった。それは、一応功を奏したようで

キクマル(通称，キク)

ある。『ソロモンの指環』は、読んでから何十年もたったあとまで、私に影響を及ぼしたのである。

戦時中のローレンツ

一九九六年、ウィーンで開かれた国際人間行動学会に出席したときのことである。ローレンツの弟子の一人である、イレネウス・アイブル＝アイベスフェルトが、彼自身、もう相当な年であったが、特別講演でローレンツの思い出を語った。ローレンツは、第二次世界大戦の末期にソ連軍の捕虜になり、収容所で暮らしたそうだ。ある日、どこか別の場所に移されることになり、看守と一緒に列車に乗せられた。物資は底を突き、捕虜も看守も空腹でノミだらけだった。

ある小さな町の駅についたとき、看守の具合が悪く、何か食べる物を見つけてくれるようにローレンツに頼んだ。そこで、ローレンツは一人で町の広場に出かけた。広場の真ん中には噴水があった。ローレンツは、小さくなった石鹸のかけらをポケットから取り出し、せめて顔を洗おうとした。カミソリはなかったので、ぼうぼうに伸びた髭を剃ることはできなかった。

そうしたら、向こうからソ連軍の将校が一人、カミソリを片手に何か怒鳴りながら走ってきた。びっくりしたローレンツが立ちすくんでいると、将校はローレンツの前で立ち止まり、こう言った。「君には石鹸がある。私にはカミソリがある。これで私たちは二人とも髭を剃ることができる！」

これは、ローレンツの研究室で代々語り継がれてきた逸話なのかもしれない。捕虜と見知らぬソ連軍将校との「互恵的利他行動」を示す、なんとなくほのぼのする話だった。

しかし、ローレンツの考えには、ナチスの思想に同調するものがあった。戦時中の彼は、ナチスの考えを支持して優生学的な発言をしたことが多々ある。戦後、とくにノーベル賞を受賞したあとで、彼はそのことを追及され、弁明を余儀なくされた。彼の、人間は自ら生み出した快適な環境のおかげで自分自身を家畜化し、それによって堕落してきたとする「自己家畜化現象」の議論の中にも、ユダヤ人差別や優生主義がうかがわれるのは確かだ。そんなことに私が気づくようになったのは、もっとずっとあとになってからだった。何はともあれ、『ソロモンの指環』は、動物行動研究のおもしろさに私を導いてくれた、最初の一冊なのであった。

第四章　ニホンザルの研究と「種の保存」の誤り

千葉県の野生ニホンザル

一九七三年の秋、私は東京大学の進学振り分けで、理学部生物学科の人類学教室に進むことになった。丸ごとの個体の行動を研究することのできる教室はなかったのだが、生物学科の人類学教室では、ヒトという生物の進化を研究するので、ヒトに近縁な霊長類の行動生態の研究をしているということだった。そこで、別にサルに特別な興味があったわけではないのだが、人類学教室に進学した。そこでは、アフリカの野生チンパンジーの研究もしているということで、前人未到の地に探検に行きたいと思っていた私には、それはとても魅力的だった。

一九七四年の四月から理学部の三年生として、本郷の理学部二号館に通うことになった。将来の夫である長谷川寿一は、文学部の心理学科に進学し、法文二号館に通い始めた。そこの屋上では、当時、心理学教室が飼っていたニホンザルが数頭、おりの中に生息していた。私たちは、よくそのサル舎の前でお弁当を食べながら、サルたちと「交流」した。大きなおとなの雄ザルは、エビングハウスという名前だったが、それは、記憶の研究で有名な、一九世紀ドイツの心理学者にちなんだ名前である。まだ二歳ぐらいの雌ザルもいた。その子の名前はオードリーだったが、それは、先輩の大学院生の好みでつけられたのだった。

そして、一九七四年の夏休み、長谷川寿一と一緒に、千葉県の高宕山《たかごやま》というところで、一カ月間、野生ニホンザルの調査をすることになった。房総半島の真ん中に位置する高宕山周辺には、野生のニホンザルがたくさん生息しており、そこの一部が天然記念物指定地域となっていた。そこでは、市がサルを観光資源とするために餌付けが行なわれており、高梨さんという年配の方が、毎日、餌の小麦をしょって山のてっぺんまで登り、観光客が来たらお相手をしていた。しかし、周辺の山の中にも農家が点在しており、サルたちはそこの畑を荒らすので、地元では評判が悪かった。

調査地の崖の上から下界を見下ろす著者(1974 年夏，撮影：長谷川寿一)

天然記念物指定地域のサルと、地元の畑を荒らすサル。この二つの顔を持つサルたちをどうするべきか？　一九七四年の夏、千葉県が高宕山のサルの実態調査をすることになり、私たちがそれを請け負うことになったのである。君津市と富津市の境界あたりの山の中。寿一の軽自動車スバル360を駆使して、細いでこぼこの山道を入り、榛沢《はんざわ》さんというお宅の庭にある、三畳の飯場の小屋に寝泊まりさせてもらって調査が始まった。裸電球が一つ、天井からぶら下がり、水道の蛇口が一つ、地面から生えている。プロパンガスのボンベを持ち込んで食事を作った。最低限の設備で、寝袋で寝る生活であった。

毎日、山の上まで上がり、まずはサルたちの個体識別をした。おとなから赤ちゃんまで、およそ一〇〇頭。初めは難しかったが、やがて、サルというものは人間とまったく同様に一匹一匹顔が違うものだということがわかった。一度わかれば、あとは簡単。山の中でひょいと奥の木の上を飛び越えていく姿を見ただけで、誰だかわかるようになった。それは、街中で友人が横断歩道を渡る後ろ姿を見て、誰だかわかるのと同じだった。

そして、彼らの行動を観察し、詳細に記録し、分析していくことで、誰と誰が親子なのか、兄弟姉妹なのか、社会的順位はどうなっているのか、誰と誰が仲良しなのか、などなどを明らかにしていった。それはまるで、見知らぬ人々の社会生活のベールを少しずつはがしていくかのような、スリルにあふれる経験だった。私たちの場合、相手はニホンザルという、人間とは別種の動物だが、サルの社会生活は本当に複雑である。社会的な順位と葛藤、雄と雌、子育て、雌の家系ごとの順位、連合と裏切り、思春期の旅立ち……彼らの生活には、こんなものがすべてある。私たちの経験は、まさに、異文化の人々を研究する文化人類学者の経験と同じようなものだったのではないかと思う。

こうして、私と長谷川寿一とは、学部の三年の夏から野生ニホンザルの調査研究を始め、それによって卒論を書き、修士課程に進学し、修士論文を書いた。そして、修士の二年のときに結婚した。

余談だが、私たちが結婚したのは一九七七年。日本はまだ男尊女卑の文化のまっただ中であった。ポリティカリー・コレクトの概念などまったくない。男女共同参画もない。披露宴の席で花嫁の私の側の主賓でお招きした、東大理学部人類学教室主任の先生は、私たちに対する祝辞の中で、「これで眞理子さんは引退するのだろうけど……」という話をした。私は「何を言うか！」と怒り、それ以後ずっと、披露宴を仏頂面で過ごした。

「群淘汰の誤り」を教えてくれたプレマック夫妻

博士課程の二年の夏から、野生チンパンジーの調査でアフリカに行くことになった。私たちの博士論文の研究は、タンザニア、マハレ山塊に生息する野生チンパンジーの繁殖生態に関するものになるはずだった。

その年の春である。チンパンジーに言語を教える研究で有名なアメリカの心理学者、デイヴィッド・プレマックご夫妻が訪日された。数カ月ほど日本各地に滞在されたのだが、そのうちのしばらくは東大で過ごされた。私と夫は、ご夫妻の東京案内およびお世話係をすることになった。このときのプレマック夫妻との出会いは、私たちの研究の方向を大きく変える画期的な出来事となった。

チンパンジーに人間の言語に類するものを教え、彼らのコミュニケーション能力がどのようなものであるかを探ろうという研究は、以前からいくつも行なわれていた。初め、チンパンジーに人間の音声言語を話させようという試みがなされたが、それは、喉と舌の構造の違いによって不可能なことがわかった。次には、聾唖《ろうあ》の人たちが使う手話を教える試みがなされた。それらの研究は、いくつかの興味深い成果をもたらしたが、チンパンジーが表した「手話」の記号をどのようにこちらが解釈するかについて、研究者の主観が入ることに問題があった。

そこで、プレマック夫妻は、一つ一つの単語を表すプラスチックの板を使い、それらを並べることによって「文章」を作るという、新しい方法を開発した。彼らはこのプラスチック板の使い方をチンパンジーたちに教え、人間も一緒にプラスチック板を目の前で並べることによって、意思疎通をはかることに成功した。対象となったチンパンジーのうちでもっとも有名なのは、サラという名のチンパンジーである。たとえば、ある色と形をしたプラスチック板が「リンゴ」を表し、また別の色と形の板が「give」という動詞を表す。そして、また別の板が、チンパンジーのサラ自身を表す。これらを並べることにより、「サラにリンゴをちょうだい」というような文章を作ることができるのだ。

私たちは、これから野生チンパンジーの行動と生態の研究をしようと思っていたので、それに関連する研究論文はほとんどすべて手に入れて読んでいた。しかし、プレマック先生たちが取り組ん

プレマック夫妻とキク（2005年5月）

でいたような、実験室での類人猿の認知能力の研究については、ほとんど何も知らなかったし、興味も薄かった。たいへんお恥ずかしい話である。若かったから仕方がないというところもあるのだが、当時の私たちには、学問の全体を俯瞰する視野が決定的に欠けていた。そして、チンパンジーの研究の先にある大きな目標であるはずの、人間の進化の理解ということについても、まったくお粗末なイメージしか描くことができずにいたのである。

そんなわけで、上野や浅草などを案内したり、お寿司屋さんにお連れしたりしながらプレマック先生ご夫妻と話していた私たちは、どうしようもないほど未熟だった。それでもプレマック先生は、私たち自身の研究にたいへん興味を示してくださった。当時の私たちは、千葉県、高宕山に生息する野生ニホンザルの社会行動に関して、英文論文の草稿を仕上げたばかりだった。プレマック先生は、その全文を読んで英語の間違いなどを細かく指摘してくださった。

それだけではなかった。先生は、私たちに言ったのである。この論文は観察事実としてはたいへんにおもしろいが、理論的には完全に間違っている。全面的に書き直さなければいけない、と。これはたいへんなことになった。いったい、何がいけないのだろうか？　プレマック先生は、私たちの論文のもとになっている考えは、「種の保存」という群淘汰《ぐんとうた》の考えに基づいているが、その考えは、今ではもう誤りであることがわかったので、遺伝子《いでんし》淘汰《とうた》の理論に基づいて完全に書き直さなければならないとおっしゃった。観察自体はきちんとしているし、重要な観察なのだから、その解釈の部分だけを全面改訂すればよいと。

これは、青天の霹靂《へきれき》であった。今考えれば恥ずかしい話なのだが、当時、東京大学理学部人類学教室においては、欧米ではさんざん議論されたあげくに捨てられた「動物は種の保存のために行動する」という古い考えが、まったく疑いを挟まれることもなくまかり通っていたのだ。これは、専門的には「群淘汰の誤り」と呼ばれるものである。この誤りは、あれから何十年もの歳月が流れた現在でも、進化学者ではない一般の人々の間では、ぬぐい去られてはいない。それどころか、つい数年前に行なわれた、東京大学理学部の研究発表でも、進化学者ではない動物学者が、どうどうと群淘汰に基づく持論を展開していたくらいである。それにしても、私が所属していた、進化を研究する専門の学科で、欧米の最先端の議論がまったく届いていないことを知ったときは、これはショックであった。

当時は、国際的な学術雑誌はすべて船便で送られてきていた。インターネットもない、メイルもない。日本は確かに世界の動向から取り残されていた。今では、この状況は劇的に改善された。ネットによる情報の流通は、真に革命的である。

プレマック先生は、おそらく今思えば、大学一、二年生の授業で話すように、群淘汰の誤りについて解説してくださった。それから先生は、「一番いいのは、この本を読むことだ」とおっしゃって、ある本を紹介してくださった。それが、リチャード・ドーキンスの『利己的な遺伝子』だったのである。さらに先生は、日本でこの本を今すぐ手に入れるのは難しいだろうからと、なんとご親切にもアメリカの秘書に電話し、原書を一冊すぐに東京大学に送るようにと頼んでくださったのだった。

こうして、一週間ほどで、私たちの手元に"*The Selfish Gene*"が届いた。デズモンド・モリスによる抽象画で飾られた表紙の、魅力的な薄い本だった。この本はアフリカに持って行き、二年半のアフリカ滞在のよき伴侶となった。ぼろぼろになったその本は、今でも書棚に収まっている。

本書を読んだときの感動は今でも忘れられない。それは、目からうろこが落ちるとはこういうことか、という経験だった。「動物は種の保存のために行動する」という議論は、流布しているが、これは誤りであり、種などという大きくて漠然とした集団全体の利益になるように進化が起こることはないのだ。このことは、一九六〇年代から徐々に明確にされてきたことで、その結果、動物の行動を研究する枠組みが大きく変わった。そのような、言わばパラダイムの転換が起こったのが、一九七〇年代前半だったのである。

私をはじめとする東京大学理学部人類学教室のメンバーは、そんなパラダイムの転換について、当時は何も知らなかった。つまり、欧米での論争がリアルタイムで入ってきてはいなかった。電子メイルで世界のどこにいる人たちとも瞬時に連絡がとれ、インターネットで情報が飛び交い、ほとんどの学術雑誌に掲載される論文がネットからダウンロードできるような今日このごろとは、まったく違う時代だったのである。この意味で、今の世界は確かにフラット化しており、局地的な文化が存続する確率は小さい。他の文化的側面については、議論があるだろうが、こと自然科学に関する限り、このフラット化はよいことであると思う。まさに、隔世の感だ。

私たちは、野生ニホンザルの子どもの母親が死んだとき、みなしごになった子どもが誰に世話され、どのような社会関係を持つのかを研究した。その結果は、いろいろと興味深いことがわかったのだが、私たちはそれをみな、「ニホンザルの集団にとって有利な行動だから」というように論じていた。しかし、これは群淘汰の誤りである。集団にとって有利な行動は、なかなか進化するものではない。行動はまず第一に、それを行なう個体にとって生存・繁殖上の利益があるのかどうかが問題なのだ。私たちは、そのように書き直して投稿した。やがて編集会議からの査読の結果が送られてきたが、返答は、「修正なしで受理」だった。書いた論文がまったく修正なしで受理されたなんて、これまでの研究生活で後にも先にも、この論文だけである。プレマック先生には、本当にお世話になった。

なぜ「種の保存」論は誤りなのか

リチャード・ドーキンスによる"*The Selfish Gene*"の初版は一九七六年である。先にも述べたように、生態学や行動学でも、以前は、種の利益や集団の利益になる性質が進化するという、群淘汰の考えが採用されていた。コンラート・ローレンツの著作はすべて、この群淘汰の考えで貫かれている。たとえば、彼は、有名な『攻撃』という書物の中で、オオカミのような肉食獣が互いに殺し合いをしないのは、あのような有能な殺し屋どうしが本気で攻撃し合えば、すぐに種が滅びてしまうので、そういう行動は「種の保存」のために進化しないのであると論じている。

一九六二年には、ウィン＝エドワーズという学者が、『社会行動に関連した動物の分散』という専門的な大著を著した。この本は、動物が行なうおよそありとあらゆる社会行動を、種の保存のために自ら増えすぎるのを防ぐ、個体群調節行動であると論じていた。たとえば、カラスなどの鳥が群れて上空を飛び回っていることがある。あのような行動は、自分たちの個体数がどれくらいあるのか、資源は足りなくないのかを査定し、繁殖を控えるかどうかを決めている行動だというのである。

しかし、今の視点からいえば、そんな仮説を提出するのはかまわないが、仮説の検証のためには、まっとうな実験を行なわねばならない。なんらかの実験計画を立て、カラスが上空を群れて飛び回ってみたあと、資源の量に応じて繁殖率が変化したことを示さねばならないだろう。また、資源量の査定をできなくさせるような操作を行ない、そのときには、繁殖率の変化の反応がなかったことも示さねばならないだろう。この本では、こんなことは何も示されていない。確かに牧歌的な時代ではあった。

リチャード・ドーキンス

それはさておき、当時の生態学では、個体群の調節機能について、つねに種の保存の観点から考えられていた。生物の個体数はたいていは安定しているが、増え過ぎたときには、さまざまな新奇な行動が出てくる。たとえば、飼育下で増えすぎて個体密度が異常に高くなったネズミは、互いに殺し合ったり、雌の妊娠率が下がったりする。これは、究極的に個体数を抑える働きをし、それによって「種が保存される」のだと説明されていた。

ところで、このような群淘汰の考えは、ダーウィンが自然淘汰による進化の理論を提出した一八五九年当時からつねに主流であった。なぜか人間は、洋の東西を問わず、「種の保存」という概念が好きなようである。しかし、ダーウィン自身は、そう考えていたわけではない。彼の自然淘汰の理論は、(1)種内には、さまざまな個体差が存在する、(2)それらの個体差の中には、親から子へと遺伝するものがある、(3)それらの遺伝する個体差の中には、生存と繁殖に関して、有利なものとそうでないものとがある、(4)生まれてきた子どもたちの全員が成熟して繁殖するわけではない、という四つの前提をもとに、生存と繁殖に有利な個体変異が、世代を経るにつれて集団中に広まっていく、という結論を導くものだ。つまり、ここで言う有利か不利かは、ある個体変異が他の個体変異に比べて有利か不利かの問題なのであり、集団全体または種にとって有利かどうかは、まったく関係ないのである。

ダーウィンはそのことをよく理解していた。それでも、ダーウィン自身、しばしば曖昧な言葉を使っている。「種にとって有利となる性質が」という言い回しが何度も出てくるのだ。結局のところ、自然淘汰が起こって、個体にとって有利な性質が集団中に広まると、集団の誰もが適応的になっていく。すると、結果的には種全体にとって有利な性質が進化したように見えることになる。そこで、「種にとって利益となる性質が進化する」という言い方がなされる。しかし、それは自然淘汰が起こった結果なのであって、自然淘汰のプロセスそのものは、個体が生存・繁殖上どのような利益を得るのかが鍵となって起こっているのである。

行動を研究している人のではない生物学者の多くが、今でも「種の保存」の考えを捨てないでいられる理由の一つは、鳥の翼の形が流体力学的に非常にうまくできていることや、血液凝固の仕組みが素晴らしい適応であることなど、生物が備えている性質の多くが、どの個体にとっても等しく利益となるものであり、集団または種の全員がそれを持っていることが多い、という事実によるのだろう。つまり、このような形質を見る限り、個体にとって有利な形質と集団全体にとって有利な形質とは、一致しているのだ。

ところが、行動の話となるとそうはいかない。集団全体にとって有利になるような行動は、必ずしも、個々の個体自身にとって有利にはならない。その逆もある。ある個体にとって有利な行動は、他個体にとっては不利なこともある。社会行動は、個体間の葛藤と対立に満ちあふれているのだ。そこで、行動の進化を考えるときにも自動的に群淘汰の考えを応用すると、大きな誤りを犯すことになるのだ。集団全体の利益で考えてしまうと、個々の個体の置かれている状況の違いや、微妙な対立と葛藤の調整などがすべて見えなくなってしまうのである。

繁殖期の雌の獲得をめぐる雄どうしの闘争を考えてみよう。闘争の結果、勝ち残った雄が、雌への接近を果たす。負けた雄は配偶できない。これを、「種の保存」論で説明すると、強くて闘争に勝つ雄だけが子孫を残すのは、「種全体にとって有利」な行動だから進化したということになる。そう考えると、負けた雄は、「種全体の利益のために」黙って身を引くはずだということになる。

しかし、個々の雄を考えてみよう。誰だって負けたくないし、誰だって繁殖したいのだ。そこで、正面からの闘争に負けた雄の中には、勝った雄が持っているなわばりのうしろの方で、目立たないようにして隠れているものがいる。そして、闘争に勝った雄のところに雌がやってきて配偶しようとした瞬間、うしろからさっと現われて、卵に精子をかけてしまうのだ。このような行動をスニーカー戦術と呼ぶ。実際、魚でもカエルでも昆虫でも、スニーカーの存在は確認されている。

種の保存論で考えていたころには、こんなスニーカーの存在など、誰も考えつきもしなかった。こんな行動がたとえ観察されたとしても、どう考えていいものか誰にもわからないので、単に異常としてかたづけられていた。人間は、それほど「理論」に、「見えるはずのもの」に、支配されているのである。しかし、一旦、群淘汰ではなく、個体にとって有利な行動が進化するという理論が受け入れられると、スニーカーをはじめとするさまざまな行動の意味が理解できるようになる。こうして、採食や繁殖などの動物の行動には、さまざまな異なる戦略があり得て、それらを「代替戦略」として考えるという研究アプローチが常道となった。それは、ローレンツなどによる古いタイプの動物行動学からすれば、一八〇度の転換であった。

私は、駒場の二年生のときに菅原先生の講義で進化について初めて習ったのだが、進化の理解はきわめて中途半端だった。その後、ローレンツなどの動物行動学の本を読んで、そのまま研究を始めたので、進化生物学をきちんと習ったことはなかった。理学部人類学教室では、集団遺伝学の講義があったが、それは集中講義で、やたら数式だけが出てきて、コンセプトがさっぱりわからなかった。他の多くの人々と同様、ただ漫然と「種の保存」論で考えて、修士までの研究をしていた。

そこに大転換をもたらしてくれたのが、プレマックご夫妻であり、ドーキンスの著書であった。それ以後、私たちは、独学で進化生物学の勉強を進めていくことになる。

第五章　アフリカの日々

ダルエスサラームからマハレへ

一九七九年の夏、博士課程の二年のとき、野生チンパンジーの研究をするために文部省(現・文部科学省)の科学研究費での調査で半年間タンザニアに行った。場所は、タンガニーカ湖の湖畔、マハレ山塊というところである。

ここは、一九六〇年代に京都大学の今西錦司博士のもとで野生チンパンジーの研究が始められた場所で、京都大学の霊長類学者たちが何度も研究に訪れていた。そして、この場所を国立公園にして保全するという計画が持ち上がり、日本の国際協力事業団(当時、JICA)がそれを援助することになった。いわゆる開発途上国援助である。このような援助の多くは、工場を作ったり、農漁業などの技術移転をしたりといった、直接の生産に結びつくものであったが、マハレの計画は、野生のチンパンジーのための国立公園を作るという、自然保護と純粋な研究と観光開発をかねた、少し毛色の違った計画だった。

国立公園設計のため、JICAは、マハレに専門家派遣をしてくれていた。任期は二年。タンザニアの奥地で一年間滞在し、一カ月の休暇をはさんでもう一年過ごすというスケジュールだ。私と夫の寿一は、二人とも、この専門家という立場で一九八〇年から一九八二年までタンザニア生活を過ごした。この経験は、私たちの世界観や人間観に絶大な影響を及ぼし、今の私たちがあるのは、このときの経験のおかげだと思って感謝している。

マハレに行くには、タンザニアの事実上の首都のダルエスサラームから飛行機で西に千キロ、キゴマという町まで飛ぶ。当時は、タンザニア航空のフォッカー・フレンドシップというプロペラ機で三時間ぐらいだったが、これがしばしば飛ばない。直前まで飛ぶかどうかわからず、突然キャンセルになるので予定が立たず、ずいぶん苦労した。

飛行機がまったくだめなら、鉄道である。これは二泊三日三六時間の汽車の旅で、ドドマ、タボラという町を経由してゆっくりゆっくりと進む。サバンナのバオバブの林を眺めながら風情はあるのだが、トイレがひどい状態なので、なるべく行かなくてすむように、ほとんど飲食ができないという難点がある。

そうしてキゴマに着いたら、次はタンガニーカ湖を一六〇キロ南下せねばならない。しかし、ここに陸路はないので、湖を船で下るしかない。その船だが、公共交通機関としては、リエンバという名前の貨客船がある。これは、タンザニアがドイツ領タンガニーカだった二〇世紀初頭の時代からの船で、まあまあ予定通りに運行していた。つまり、飛行機のように急にキャンセルということはなく、遅れても一二時間ぐらいという状態だ。

しかし、この船がマハレの地そのものに停泊するわけではないので、途中の停泊地ラゴサから先に、またボートを調達せねばならない。こんなことでは仕事にならないので、私たち以前の専門家たちが、自前のボートを作っていた。長さが五、六メートルの木製の手作りボートで、ヤマハの四五馬力の船外エンジンをつける。一部に床があり、屋根があるので、一応、雨風をしのいで寝ることもできる。が、タンガニーカ湖は長さおよそ六七〇キロ、幅五〇キロの、細いが広大な湖であり、荒れるときは外洋なみに荒れる。ひどいときには、ボートが大波と大波の間の空中に持ち上がり、次の瞬間、バッシャーンと水面に打ち付けられるということの繰り返しだ。

こうして自分たちのボートに乗って行けば、マハレの中にあるカシハという村に直接ボートをつけることができる。キゴマからの所要時間は、一八時間から四八時間。なにもかもがうまくいけば一八時間だが、天候が荒れていたり、船外エンジンの調子が悪かったりすると、二日がかりになることもある。この船旅も、途中でトイレに行くことができないので、飲まず食わずの道中である。三六時間以上になれば、もちろん、どこかに停泊することになる。

一九八一年のクリスマスだったか、ダルエスサラームの日本大使館を訪ねた帰り、湖が大荒れで、途中で停泊せねばならなくなった。ボートのドライバーと助手のトングェ人二人とともに、大雨のずぶぬれの中、枝を集めて火を焚《た》いた。日本大使からのおみやげで、お餅とV・S・O・Pのブランデーがあった、お餅を焚き火の中に放り込んで焼き、ブランデーを口飲みで回し飲みしながらのクリスマスであった。

私たちは自分で船外エンジンを動かしてボートを操ることはできないので、ドライバーが必要だ。これは、国立公園計画で雇っている現地の人である。マハレはこんな奥地だが、もちろん、このあたりにも人が住んでいて、普通の暮らしがある。タンザニアの国立公園は、指定されれば、中に人が住んではいけないので、私たちが行く数年前から、予定地の約一、六〇〇平方キロ内からは、人々は立ち退かされていた。

しかし、国立公園設置のためには、ボートのドライバーも、チンパンジーの追跡係も、追跡を可能にする道をジャングルの中に切り開く、道伐り要員も、コックも船大工も必要だ。そこで、カシハの周辺には、そのような雑多な仕事をするアフリカ人たちが二五人ほど住んでいた。その家族もいれれば、六〇人近くにもなる村であった。彼らのほとんどは、もともとこの地に住んでいたトングェ人である。その後の二年間、私たちの仕事と暮らしをともにすることになる人々であった。

カンシアナでの暮らし

このマハレの地で、私たちの住み家はと言うと、カシハの浜辺から奥に一・五キロほど上がった場所にあった。ここはカンシアナと呼ばれる谷あいの場所で、歴代の専門家たちが住んでいた大きな家が建っている。天井なしで梁《はり》がむき出しのトタン屋根。日中は暑く、スコールのような雨が降るとそのうるさいこと。モームの『雨』の世界だ。床はコンクリートのままで、壁は泥壁。窓はあるがガラスがなく、四角い戸板でふさいであるので、開ければ光が入るが、閉めると真っ暗。外にベランダが広がり、そこが食堂。その向かいにキッチンの小屋があって、そこで調理をする。トイレがその奥。

電気なし、ガスなし、水道なし。ご飯やスープは薪で、その他の料理は登山用のクッキングコンロを使う。水は、コックが毎日大バケツ一杯、川から汲んできてくれる。これで、食器を洗う。洗濯とお風呂はタンガニーカ湖。乾季は暑いので、毎日、夕方にタンガニーカ湖で泳ぎながらからだを洗う。雨季の寒いときには、もう一杯のバケツの水でお湯を作ってもらい、それで全身を洗う。ガソリンがあるときは、発電機で発電し、電球が二、三個はつく。しかし、ガソリンはつねに不足気味だったので、基本はアラジンの石油ランプである。

食料は、月に一回、キゴマの町まで出て、米、小麦粉、マーガリン、砂糖などを買ってくる。タンパク質は、タンガニーカ湖の魚。タンガニーカ湖では、たくさんの魚がとれる。陸封された湖なので、祖先は海水魚、種類も豊富で、なかなかおいしい。大きな漁網は高価なので、彼らは買えない。そこで、私たちが漁網を買ってカシハの村の人たちに渡し、とれたら一、二匹はこちらに持ってきて、あとはみんなで食べてよい、という約束をしていた。いわば網元だ。

現地のスタッフと食事をする(1981年，マハレにて．撮影：長谷川寿一)

魚がとれると、朝と夕方の二回、カシハの村からやってくるコックさんが持ってきてくれる。しかし、ずっと何もない日が続くこともあり、月が明るいからとれないのだという話などを聞かされる。そして、ある日、カシハの村におりていくと、すべての家の屋根に大量の魚が干してあるではないか！　これはなんだと聞くと、「夕べ、たまたまたくさんとれまして」ということだそうだが、どう見ても、何日も前から干してある。うそなのは明らかだが、みんな、あっけらかんとして、魚がたくさんあって幸せそうにしている。

キゴマで肉を買っても、ボートで運ぶ間に腐敗が進むし、現地には冷蔵庫がないので、保存はほぼ無理である。そのかわり、生きたニワトリを何羽か買ってきて、庭で放し飼いにしておく。それを、ときどき絞めてもらって食べるのだが、これがなかなかできない。

一つには、私たちが動物行動学者であるため、ついついこのニワトリたちを個体識別して名前をつけ、行動観察などしてしまうからだ。雄鶏のアルキメデス、雌鳥のクサンチッペなどと言っていると、殺せなくなる。そうこうするうちに、夜中に、一羽、また一羽と、ヒョウやシベットに食べられてしまうのだ。このニワトリたちは、夜、鳥小屋に入るのを嫌うので、木の上で寝る。しかし、ここは国立公園予定地なのだ。ヒョウをはじめ、夜行性の食肉動物はたくさんいる。当然ながら、こんな無防備な鳥どもは、格好の餌食となるのだ。夜中にクワックワッギャーというニワトリの声がするたび、「ああ、またやられてしまった」とがっかりし、「こんなことなら、先週食べておけばよかった」と思うのだが、なかなか殺せない。

一年に数回、村のお祭りがあるときには、カシハの人々がヤギかヒツジを屠る。そのときには、私たちも哺乳類の肉にありつけるのだが(そもそも、このヤギやヒツジを買うのは私たちなのだ)、あまりおいしいとは言えなかった。本当に何もないときには、コンビーフの缶詰を開けるしかない。

野菜は、つねに手に入れるのが困難だった。いつもあるのは夕マネギとジャガイモのみ。雨季には小さなトマトとキャベツが手に入る。大きくて新鮮なキャベツはとてもおいしかったが、すぐに芯のところから腐り始めるので、早くどんどん食べねばならない。キャベツ炒め、コンビーフ入りロールキャベツ、コンビーフとキャベツの餃子(もちろん皮も手作り)、ザウアークラウト、魚のキャベツ煮中華風、キャベツのみそ汁、キャベツご飯。直径三〇センチもありそうなキャベツが終わったときには、ほっとした。

日本に帰ってからしばらくの間、スーパーで山のように新鮮な野菜が売られているのを見ると、見ているだけで嬉しかった。「フッフッフ、私はいつでもこれを買って食べられるのだ」という、途方もない安心感だが、今の若い人たちには想像もつかないに違いない。

トングェの人々

トングェはバンツー語族の人々で、焼き畑農耕民である。畑でキャッサバを作り、湖で魚をとって暮らす。彼らは東アフリカの共通語であるスワヒリ語を話すが、自分たち自身の言葉、トングェ語も持っている。私たちは、アフリカに赴任する前にスワヒリ語を習っていったが、現地でトングェ語の挨拶ぐらいは覚えた。しかし、この言語はスワヒリ語とはまったく異なる。中国語のような抑揚があったり、「昨日」と「明日」が同じ単語だったりと、いろいろ難しいのだが、本気で取り組む時間はなかった。

タンザニアは、アフリカの貧しい国である。私たちが暮らした一九八〇年代は社会主義の統制経済であり、ウガンダと戦争したこともあって、ことさら経済状態が悪く、いつも物資不足に悩まされた。

月に一回、キゴマの町に買い出しに出かけるのだが、このときは、私たち自身の買い物だけでなく、カシハの村にいるトングェの人たち全員のために買い物もせねばならない。米、油、石油、石鹼、たばこなどの日用品で、そんなものを手に入れるだけで、一日中、町を走り回らねばならないこともしばしばあった。年がら年中物資不足で、棚には缶詰のジャムを数個しか置いていないような食料品店は、見るだけで寂しかった。

それでも、なんらかの物資を持って帰ってくると、トングェの人々は嬉々として群がってくる。米や小麦粉を分けてもらうのに、そこらに落ちていたビニール袋をひろって、無造作にその中に入れたときには、最初は驚いた。が、彼らの生活には、無駄な物など一つもない。私が日本から持ってきたキャンディーの包み紙を捨てたところ、村の子どもたちはそれを全部ひろっていった。その一枚ずつをていねいに広げてしわを伸ばし、家の泥壁に貼り付けてあるのを見つけたときには、奇妙に感激した。部屋を飾るものは何もない、この暗い泥壁の家で、赤と茶色の金属光沢のある小さな四角い紙は、とても美しく目を引いた。

トングェの人々は貧しい生活をしているが、きれい好きである。毎朝、家の前をていねいに掃いているので、通りや庭は、帚の目もすがすがしく清潔だ。洗濯も頻繁に行なう。砂浜の上にシャツなどを置き、石鹼でごしごしこすって湖の水で洗う。それをあのギラギラの太陽の光のもとで干すので、Tシャツでもなんでも、すぐに色あせ、ぼろぼろになってくる。それでも彼らは、どんなに穴だらけでも清潔なものを着ている。

国立公園予定地には、基本的に人は住んではいけない。しかし、政府の目が行き届いているわけではないし、湖岸沿いには、小さなトングェの村もあれば、対岸のザイールから来たベンベの人々が小屋を作って住み着いたりもしている。彼らは漁民で、湖の魚をとって生計を立てている。このように、結構な数の人々が住んでいるのだが、周囲百キロ以内に病院も診療所もない。

私たちが住んでいるカンシアナの家は、湖畔にあるカシハの村からは一・五キロほど離れている。だから、村の中に住んでいるよりは、人々との接触は少ないのだが、毎朝、私たちが起きだす前の六時ごろから、家の外で病気の人々が列を作っている。夕方六時過ぎに私たちがチンパンジーの調査から戻ってくるときには、また、家の前に病人、けが人の行列ができている。

彼らは、私たちの持っている薬をわけてもらいたいのだ。風邪をひいた、おなかが痛い、頭痛がする、熱がある、マラリアだ、指を切った、足をくじいた、などなど、ありとあらゆる問題を抱えた人たちだ。病院がないことは知っているし、私たち自身の健康管理も自分でせねばならないので、二年間の滞在のために、ジュラルミンのスーツケース一杯、もろもろの薬を持ってきていた。

私は、生物学科人類学教室の出身なので、人体についての基礎的な知識はある。また、自分たちの健康のために、いろいろと病気や薬のことも勉強した。しかし、医者ではないので、本当の診療などできない。それでも、周囲にまったく医者がいない状況で、一緒に仕事をしている人々の健康管理は、ある程度こちらでしてあげないといけない。朝晩の病人対応は、日課であった。

なるべく詳しく症状を聞き、なるべく害のなさそうなアスピリンやビオフェルミンをあげて、経過を見た。もっと深刻な症状の場合には、少量の抗生物質を出したこともある。すべて、無料。その一切を黒い粗末なノートに記録していったので、それは『無料施療所の記録』として残っている。深い切り傷などには、絆創膏をチョウチョ型に切って、傷口を縫わずに貼り合わせる方法も学んだ。これで、結構、傷はくっつくものなのである。

私たちが二年の任期を終えて帰国する日、最後の最後になって、この二年間、私たちが「診察」していた「病人」たちのおよそ半分は偽者であり、彼らは、そうやって私たちからタダで手に入れた薬を、村でヤミで売っていたことが判明した。その瞬間は怒りが込み上げたが、しばらくするうちに、それでもいいかという気になった。私たちがしてあげたことは、最終的に彼らの役に立ったのであり、彼らは、十分に感謝してくれていた。

アフリカでは、先進国からやってきた人々を人質にとって身代金をかせぐゲリラがいる。私たちの場合、それは、対岸のザイールのゲリラたちだった。私たちが赴任する数年前には、キゴマの北にあるゴンベ国立公園というチンパンジーの研究地で、アメリカのスタンフォード大学の院生たちが誘拐され、身代金を払って解放されたことがあった。

私たちも、二二口径のたいそう古いライフルを持っていた。が、そんなものを使いこなす技術は持っていない。ゲリラが来たらどうしようと、何度も考えたが、どう考えても私には、敵を無情に殺す勇気もなければ、ライフルや山刀を使いこなす技量もなかった。それで、そういう武器は、かえって持っている方が危ないのではないかと思うようになった。

どれほど深刻だったかはさだかでないが、私たちが赴任していた間に、ゲリラがマハレを襲いに来るという計画が一度はあったようだ。しかし、その情報をつかんだトングェの人々は、私たちにその情報を知らせ、私たちを守るための方策をとってくれた。日常的に石鹸を盗まれたり、薬をだまし取られたりしていても、基本的にこんな信頼関係が築かれていることこそ、本当に大事なことではないのかと痛感した。

途上国援助というもの

タンザニアに赴任した直後から、あれやこれやで、途上国援助というものの功罪について、ずいぶんいろいろと考えさせられた。まずは、働きかたの問題である。先進国の時間管理社会で働く私たちとは異なり、トングェは、時計もなければカレンダーもない生活の人々である。休みたくなると働きに出てこない。こちらから言えば、ずる休みである。ずる休みがあると、こちらは怒るのだが、相手は、先進国のルールでは休めない状況だとわかると、何か口実を探す。そこで、たいていは誰か親戚が死んだことになる。

先月、「父が死んだ」と言って休んだ人が、今月また「父が死んだ」と言って休んだことがあった。この矛盾に私たちは激怒したのだが、この場合、それはうそではなかった。トングェの文化では、実の父の兄弟も「父」と呼ぶのであり、本当にその人の父の兄が亡くなったのだった。これは失礼、ご愁傷様です。

タンガニーカ湖の裏山から日が昇り、タンガニーカ湖に日が沈む。雨季と乾季が交替して一年が過ぎる。このような時の流れに準じて焼き畑農耕と漁労をしてきた人々だ。そこに、一週間に六日、朝九時から夕方五時までの労働という考えを私たちは持ち込む。それは日本をはじめとする先進国の働き方であり、世界はそのような労働で動いているのであり、そのもとで熾烈な競争が行なわれている。途上国が先進国に追いついてこの競争に加わろうとするならば、このような新しい働き方を採用せざるを得ないだろう。

それは、一朝一夕ではできないことかもしれない。そして、本当に先進国なみになることが、よいことなのだろうか？　誰かがずる休みするたびに、そんなことを考え、夜、ベッドの中で二人で議論した。

アフリカが遅れていることに対し、アフリカ人の中には、それはアフリカが先進国の植民地政策の犠牲のもとに長く置かれていたからだ、と論じる人がいる。植民地政策がひどいものであったことは本当だ。私たちは、アフリカに赴任する前に、アフリカの歴史や政治や社会に関する書物をたくさん読んだが、それはそれは想像を絶するひどさだった。しかし、一九六〇年代に独立を果たし、それ以来自らの力で建国してきたのだから、いつまでも植民地のせいにすることはできないはずだ。アフリカの部族主義や賄賂の横行など、アフリカのもともとの文化に根ざす弊害があるのか、近代化するにはまだ時間が足りないのか、こんなことも、夜、地元のトウモロコシの酒であるポンベ・モシを飲みながら、二人でずいぶん議論した。迷いの連続だった。

開発援助では、高額な機械や設備を無償供与することが多々ある。使い方を教え、部品を二〇〇パーセントほども渡して、その後のメンテに備えることもする。しかし、ウシにひかせる犂《すき》もまだなかったところに、いきなりガソリン動力の耕耘機がくる。普通の顕微鏡すらなかったところに、いきなり電子顕微鏡がくる。いくら原理を教えられても、うまく使いこなせないのは仕方ない。そういう機械を徐々に発明し、使っていった文化的な蓄積がないのだ。

だから、電子顕微鏡は、ケーブルをネズミにかじられたり、そこにネズミがおしっこをかけたりするので、数年で使い物にならなくなる。同様に、耕耘機も船も自動車も、正常ではない使い方によって壊れ、錆《さ》びつき、放っておかれることになる。数年すると、また新たな援助で新品が送られ、同じ運命をたどることになる。こんな現状にも、限りなく疑問を感じた。

それにしても、人間というのはたくましいものだ。ダルエスサラームのタクシーは中古だらけで、どれもこれもオンボロだ。ワイパーが動かないなど当たり前。雨が降っても平気だが、見えにくくなれば、ときどき手をのばして拭く。エンジンをかけるキーもなくて、どこからかぶらさがっている電線を引っぱるとエンジンがかかる車もある。床に亀裂があり、走るともうもうと土埃《つちぼこり》が入ってくる車もある。しかし、運転手はみな、なんとかこんなオンボロ車を制御し、少しでも下り坂があればエンジンを切ってガソリンを節約し、生計を立てているのであった。生活の知恵、したたかさ、新たな工夫の才……アフリカの暮らしから考えさせられることは、いくらでもあった。

人間行動進化学への視点

二年間の専門家の任務を終え、一九八二年の六月に私たちは日本に帰国した。この間に集めたデータをもとに、私たちは博士論文の執筆を開始した。野生チンパンジーの研究は、それなりに興味深いものだった。私の博士論文は、野生チンパンジーの雌の繁殖戦略について、夫の寿一の博士論文は、野生チンパンジーの雄の繁殖戦略についてであり、二人合わせて、チンパンジーの繁殖戦略の研究となる。博士論文の執筆は、大変な作業だった。基本となる理論がなかなか確立されず、おおいに苦労したが、なんとか完成することができた。

しかし、野生チンパンジーの行動と生態が、ヒトの行動と生態とどれほどどのように異なるのかについて、私は、長らく理解できないでいた。そのことを、おぼろげながら理解できるようになったのは、博士号を取得してから十数年を経たころからだろう。

その理解のために重要な働きをしたのは、今思えば、野生チンパンジーの行動を知っているということであると同時に、トングエの人々を知ったということなのではないかと思う。チンパンジーは、現生の動物の中でヒトにもっとも近縁な動物だ。だから、人類学者は、チンパンジーの行動と生態に興味がある。そのチンパンジーを野生状態で二年間観察したというのは、実に貴重な経験であった。

それはその通りである。が、人類の進化、とくに人間の行動と心理の進化を知ろうとするには、人間とは何かについて、ある程度の見識がなければならない。そして、進化的に見た人間の暮らしとは、先進国に住む私たちのような暮らしではないのだ。

チンパンジーの系統と分かれて、直立二足歩行する人類が進化したのは、およそ七百万年前。今の私たちに似たからだつきのホモ属という人類が出現したのは、およそ二百万年前。私たちホモ・サピエンスが進化したのは、およそ二十万年から三十万年前である。この人類進化史のおよそ九九パーセントを、人類は狩猟採集民として暮らしてきた。それが、人類進化の原点の舞台である。私たちのからだも心も、その舞台で適応するように進化したのだ。それがどのようなものだったかを考えるには、先進国ではない、さまざまな文化の中でヒトがどのように行動し、どのように感じるかを考えられるようになることが必須なのだ。

それは、普通に日本で暮らしていたのでは、なかなか想像できないものだろう。文化が違えば、ヒトがどれほど違うように世界をとらえるか、異なる感じ方をするか、それは大きな違いがある。と同時に、文化の違いがどんなに大きくても、やはり人間は同じだと思える部分もある。アフリカでの生活は、それを存分に体験させてくれた。そして、先進国の生活ではない、もっと人類史に近い伝統社会の生活がどんなものであるかも教えてくれた。それが、私の学問的な発展に寄与するようになるには、さらに十数年を要したということである。

久しぶりのアフリカ再び

今の若い人たちには、こんな暮らしは考えられないかもしれない。しかし、それは、現地では当然の暮らしだったし、マハレだけでなく、人間は、長い間そんな風に暮らしてきたのだ。

二〇一〇年の冬、私と夫は、夫の教える東京大学教養学部の学生約十人を連れて、再びタンザニアを訪れた。マハレにまで行くことはできなかったが、事実上の首都のダルエスサラームだけではなく、モシという町の郊外の村にも行った。約三十年ぶりのタンザニアはすっかり様変わりしていた。社会主義は終わり、資本主義の自由市場でタンザニアは発展していた。ダルエスサラームには、洒落たショッピングセンターまでできていた。

しかし、ひとたび都市を離れると、相変わらず、電気なし、ガスなし、水道なしの生活である。夜にバスで荒野を横切ると、電灯はなく、昔ながらの石油ランプか、太陽光発電での薄い光があるだけだった。

ところが、心底驚いたのは、携帯電話の普及である。色とりどりの派手な模様のカンガという布を胸から下に巻いて、頭の上に大きな薪の束をのせた女性たちが裸足《はだし》で歩いていく。これは、アフリカでずっと続いてきた光景だろう。その彼女たちの全員が、片手に携帯電話を持って話しているのである。ショッキングであると同時に、シュールで美しい光景でもあった。

電話線を引いて電話を使わなければいけなかった時代、この電話線の敷設が大問題だった。僻地《へきち》に資材を運ぶのが困難。そこに建設業者を派遣して電線を引くのが困難。暴風や乾燥で壊れるのを修復するのも困難。それほど苦労して作った電線が、しじゅう何者かによって切断される。聞けば、周辺の遊牧民が、「めずらしい」電線を切って腕輪にするのだそうだ。そんなこんなで、導入が決まっても、電話はいっこうに浸透しない。

そんな困難を一気に吹き飛ばしたのが、衛星による携帯電話であった。もう、苦労して電線を張る必要はない。人々はおしゃべりが大好きなので、携帯電話を手に入れると無制限にしゃべる。そうして代金が払えなくなるのを防ぐために、プリペイドカードが導入される。電源は、近くの店に置かれた太陽光発電。このようにして、生活は一変した。ケニアとタンザニアの国境付近では、今では、携帯電話で「武装した」マサイ族の遊牧民どうしが、「S地点でライオン発見、家畜を南に移動させるように」などと連絡しあっている。人間はすごいね。

二〇一〇年、タンザニアからの留学生が、私にメイルで連絡してきた。東北大学医学部に留学しているが、博士課程で病原体の進化について研究したい。ついては、いろいろと調べたところ、総合研究大学院大学(総研大)の先導科学研究科生命共生体進化学専攻が、それにぴったりな研究環境らしいので、そちらを受験したい。お話をうかがえないか、と。エマニュエル・ムポリアという名前だった。

ちょうどそのとき、私は、東北大学で講演をする予定があったので、そちらで会いましょうということになった。当日、エマニュエルは背広にネクタイ姿でこちんこちんになり、英語で話をしようとした。そこで私が、「ジャンボ、ハバリガニ(こんにちは、ご機嫌いかが)」とスワヒリ語で話したので、彼は目を丸くして驚いた。私がタンザニアで働いたことがあり、スワヒリ語を話せることを知らなかったのだ。それはそうだろう。そんな日本人はあまりいない。

エマニュエルは試験に合格し、総研大で博士課程の研究を開始することになった。ところが、二〇一一年の東日本大震災があり、エマニュエルが神奈川県の葉山にある総研大に到着するまでには、ずいぶん気をもんだ。それでも、その後の彼の研究は順調に進み、三年後に博士号を授与された。それと同時に、タンザニアでの就職も決まった。本当に喜ばしいことである。私は、彼の直接の指導教員ではなかったが、食堂で一緒になったときなど、ときどきスワヒリ語で話をした。こちらのスワヒリ語はかなり錆びついていたが、不思議なことに、こういう状況になると、何年もすっかり忘れていた単語が自然に出てくるのだ。

なにはともあれ、エマニュエルに博士号を出せたことで、私はタンザニアにある種の恩返しができたような気分になっている。エマニュエルは、タンザニアにとって貴重な人材だ。まじめな性格だし、きっと出世するに違いない。途上国の国際援助というものは、こうして何十年もかかって世界の平和と相互理解に寄与していくものなのだろう。

第六章　群淘汰との闘い

帰国と「今西進化論」

一九八二年の六月、国際協力事業団の仕事を終えて、夫とともに日本に帰国した。アフリカにいた間は博士課程を休学していたので、また大学院に復帰した。東大の龍岡門《たつおかもん》のすぐ近くのマンションに移り、研究室までは徒歩三分という環境で、博士論文の執筆に取り掛かった。ところが、翌年四月から、古巣の理学部人類学教室の助手(今で言う助教)に就任することが決まった。当時は、博士号を持っていなくても助手に採用された時代だった。

それを言えば、アフリカから帰った直後に入居したマンションには、エアコンがなかった。文京区本郷という都会のど真ん中の、ちょっと小ぎれいなマンションでも、エアコンなし。それでも十分に商品価値があったようで、エアコンがないことで、ほかよりも家賃が安かったという記憶もない。そんな時代だったのである。

毎日の平均気温から月の平均気温を算出した気象庁のデータによると、一九八三年八月の東京の平均気温は二七・五度だった。二〇二〇年は二九・一度なので、確かに一九八三年当時は、今のように暑くはなかったということだ。暑いには暑いが、それでもなんとか暮らせた。それはともかく、博士号を取得する前に助手に採用されたことと、東京でエアコンのないマンションに入居したことの二つは、一九八〇年代という古い時代の象徴のように思われる。まさに隔世の感だ。

隔世の感と言えば、当時の学問状況もそうである。一九八〇年代の日本では、行動生態学はまだ広く理解されていなかった。さらに、東大理学部生物学科全体の中で進化の研究は盛んではなく、ましてや、京都大学の研究者が中心の霊長類学界では、ダーウィンを否定して独自の進化論を展開した「今西進化論」が未だに主流を占めていた。今西進化論とは、京大教授であった今西錦司が提唱した進化の議論で、生物は種の存続のために行動するという、先に紹介した群淘汰の議論に立脚しているばかりか、生物の個体はみな、自分の種に属しているという独自の感覚を持っており、個体数の動向などを察知して個体群の存続に寄与するとしていた。そして、今西は、ダーウィンの進化の考えを強く否定していた。

プレマック先生ご夫妻にドーキンスの著作を紹介され、現代の進化理論を学んでいた私には、今西進化論はまったく納得できないものだった。なぜこのような議論が日本だけで通用しているのか、それも理解できなかった。私よりも年長の生物学者の中には、今西進化論にはロマンは感じるが、正しくはないと考える、と言う人もいたが、私にはロマンすら感じられなかった。今西の書いたものを見ると、「日本は欧米との戦争に負けた。しかし、欧米ができないことをやり、彼らが考えないことを考えて、やつらを見返してやる」というような言葉がしばしばある。そういう考え方がロマンなのかもしれないが、私の世代はもはやそんな風には思わなかった。そして、アフリカから帰り、博士論文を仕上げていく中で、私と京大系の今西進化論者たちとの闘いが始まった。

子殺しの進化に関する論争

当時の生物学者のほとんどは、今西進化論者ではなくても、群淘汰の信奉者だった。信奉しているというよりは、それが当然と考えられていた。アフリカから帰国してすぐのころ、人類学教室の研究会で、遺伝子淘汰の枠組みの話をした。そうしたら、教授の一人が、「でも利己的遺伝子は群淘汰の理論ですよ」と言った。どこをどう読み間違えば、あの本をここまで誤解できるのか、私には未だに理解できない。が、その教授は、「利己的遺伝子が広まることによって種が保存されるのだ」と主張して譲らなかった。それほど種の保存の考えは根強く人々の心にしみついているのだろう。

それからしばらく、私が深くかかわることになるのは、子殺しの進化に関する問題であった。私は、野生チンパンジーの子どもの成長と母親の行動を研究していたが、チンパンジーはしばしば子殺しをする。私自身、アフリカでチンパンジーの子殺しの場面に遭遇したので、自分の博士論文では、そのことに関する説明を出さねばならなかった。しかし、チンパンジーはともかく、当時、群淘汰か遺伝子淘汰かの論争の中心にあったのが子殺しの進化の問題だった。

群淘汰の考えでは、種全体の利益がもっとも重要だと考えるので、個々の個体が置かれた状況の違いや、個体どうしの利害の対立が見えなくなる。雄と雌の利害の対立は、そのもっとも重要なものだ。そして子殺しは、まさに雄の戦略と雌の戦略とが真っ向から対立する結果として出現する行動なのである。

インドに生息するハヌマン・ラングールというサルで見られる子殺しについて考えてみよう。このサルの多くは、一頭の雄が数頭の雌と一緒に暮らす、一夫多妻のユニットを作っている。全体的な雄と雌の頭数は一対一からそれほどずれていないので、このような一夫多妻のユニットで社会ができているならば、繁殖にかかわれない「あぶれ雄」たちがたくさんいるはずだ。事実、そういう雄たちが、一夫多妻のユニットのまわりをうろついている。そして、彼らにとっては、雌のグループを手に入れない限り繁殖のチャンスはないので、いつもその機会をねらっている。

そしてある日、一夫多妻のユニットを持っている雄に対し、あぶれ雄たちが挑戦に出る。たいていは、あぶれ雄たちの方が若くて元気がよいし、彼らは複数でまとまって襲ってくるので、ユニットの雄はときに負けてしまう。負けた雄は、雌の集団から追い出される。そして、次に、乗っ取りに成功したあぶれ雄たちの間で闘争が始まる。やがて、中の一頭の雄が勝ち残り、あとの雄たちは、これもまた追い出されてしまう。

こうして新しい雄が決まると、次に悲惨なことが始まるのだ。新しい雄が、群れにいる子どもたちを追い出し、まだ授乳中の赤ん坊を次々にかみ殺していくのである。雌は当然、激しく抵抗するのだが、雄の攻撃は執拗に続き、ついには授乳中の赤ん坊はほとんど殺されてしまう。

さて、授乳している赤ん坊がいる母親の排卵は抑えられている。ラングールの子どもが離乳するには一年ほどかかり、そのあとでないと雌は発情を再開しない。しかし、途中で赤ん坊を殺されてしまった母親は、授乳中の排卵抑制が解除されるので、次の排卵が起こって発情が始まる。そして、ついこの間自分の子どもを殺した雄と交尾し、その雄の子どもが生まれることになるのだ。

この行動が発見されたときには衝撃的だった。これは異常な行動かもしれない。し

インドに生息するハヌマン・ラングール(撮影:フォルカー・ソンマー)

かし、ラングールの子殺しは、異常として かたづけるにはかなり頻繁に起こったし、いつもここに述べたような一連のパターンがあった。そこで出てきたのが、これは、個体数の増えすぎを抑える、個体群調節行動だという解釈であった。

しかし、一九七〇年代の半ば以後、群淘汰の考えは間違いで、個体の適応で考えねばならないというパラダイムの転換があったあとには、別の仮説が出されるようになった。つまり、子殺しは、子殺しする雄にとっての適応的な戦略であるという説である。雌にとっては何のいいこともない。しかし、雄どうしの間の競争が非常に強いため、雄にとっての適応的行動が雌の抵抗を押さえ込んでしまうのだ、という仮説である。この仮説を最初に提出したのは、ハーヴァード大学人類学部の院生だったサラ・ハーディである（現・カリフォルニア大学デイビス校名誉教授）。

私は、自分でいろいろと進化生物学を学んだあとでは、すぐにもこちらの仮説の方が正しいと直感した。サラ・ハーディが"*The Langurs of Abu*"という本を書いたことを知り、さっそく取り寄せて読んだ。その裏表紙に印刷された彼女の顔写真がとても印象的で、まだ会ったこともない彼女に友情を感じた。

子殺しによって、結果的に個体群調節ができていることはあるかもしれない。しかし、それは副産物であって、場合によっては個体群調節にはならないかもしれない。なによりも、個体群調節こそが子殺しの機能であるならば、なぜ、乗っ取り直後の雄が離乳前の赤ん坊だけを殺すという行動で個体群調節をしなければならないのか、そこが納得いかなかった。なぜ、雄の性的欲求は相変わらず強いままにしておきながら、わざわざ赤ん坊を殺すことで個体群調節をするのか？　群淘汰による個体群調節の説明は穴だらけで、細かい予測は一つも立てられないと思った。アメリカでも、発表当時は群淘汰論の方が強く、たいへん多くの論争が行なわれたと、サラがのちに述べていた。

群淘汰による個体群調節の仮説で、私がもっとも気に入らなかった点は、殺される赤ん坊や、子を殺される雌側から見た論点が一つもないことであった。それはまるで、「集団全体の存続のため」というお題目のもとでは、殺される方の視点は完全に無視してよいかのように、まったく論じられていなかった。私は、価値観の問題として「弱者の立場を考慮せよ」という意味で不満を述べているのではない。行動を科学するのであれば、行動にかかわるすべての主体にとっての行動の効果を、つぶさに正確に分析するべきだと思うのである。

遺伝子淘汰の理論に従えば、殺される赤ん坊や、子を殺される雌にとって、この子殺しという行動は非適応的な現象以外の何ものでもない。すると、彼らはなんらかの形でこれに抵抗するはずだと予測される。事実、雌たちはさまざまな手段で抵抗するのだ。しかし、最終的には雄が勝ってしまう。雌の対抗進化は十分ではない。

それは、雄がここ一番を賭けて繁殖せねばならない圧力と、雌が子殺しに抵抗する圧力とを比較すると、雄にかかる進化的圧力の方が大きいからだ。雄にとっては、繁殖のチャンスを得るには雌の集団を得る以外になく、一旦手に入れたその地位も、いつ次の雄によって追われることになるかわからない。だから、なるべく早く繁殖せねばならないという淘汰圧は非常に強い。一方、雌は、まだこれからも何年も繁殖が可能である。以前の雄との間にできた赤ん坊を殺されたとしても、これが最後の繁殖ということはない。進化的な意味でどちらがせっぱ詰まっているかと言えば、それは雄の方なのだ。子殺しは、もっぱら雄にとっての適応戦略である。雌と赤ん坊は、その犠牲者に過ぎない。こちらの説明の方が、よほど納得がいく。

行動には、個体間で利害の対立と葛藤がしばしば起きる。行動の進化を分析するには、その行動が、行為者と受け手の双方にもたらす生存・繁殖上の利益と損失を考えねばならない。こうしてさまざまな要因を包括的に考慮して初めて、行動の進化を考える基盤ができあがる。群淘汰の枠組みでは、このような手続きは一切なく、各個体が置かれた状況を細かく見ることもない。

私が博士論文を書き始めた一九八〇年代の半ばごろ、霊長類以外の動物の行動生態学は確立し、遺伝子淘汰の理論的枠組みは当然のものとなっていた。利己的遺伝子の考えが新しいパラダイムとして受け入れられ、さらにそれを発展させる研究が、日本でも始まっていた。しかし、霊長類学会は違った。

霊長類の行動に関するある研究会で、強固に群淘汰の議論を展開している霊長類学者がいた。それに対し、遺伝子淘汰理論の昆虫学者から、「しかし、その行動を行なう個体にとって、それはどんな利益があるのか？」という質問が出た。そのときの群淘汰論者の反応は、「私は、君のように利益だ損失だという卑しい考え方はしない」という感情的なものだった。

群淘汰は卑しくない、崇高な考え方なのだろうか？　だとすれば、それは、全体に対して個が奉仕するべきだという全体主義の幻想の投影だろう。集団全体の利益のためと称して、殺される子どもや母親である雌からの分析をまったく考慮しないことの、どこが卑しくないのか、まったく理解しがたいと思った。そして、学問的に粗雑で不正直だと思った。また別の霊長類学者は、私に、今西進化論を捨てて西欧の考えを取り入れるのは、日本人にふさわしくないと言った。そのあたりから、私は、日本の霊長類学会とのつきあいをやめた。

現在では、日本の霊長類学会もそんな状況ではない。今西進化論など、今の若い世代は聞いたこともないだろう。しかし、その後の私の研究は霊長類から離れてしまったので、今でも霊長類学者とのつきあいはほとんどない。

第七章　博士論文を書く

博士論文の論点

さて、博士論文であるが、もちろんテーマは野生チンパンジーの行動生態である。二年間にわたって現地で行なった観察記録が山のようにあるので、それをデータ化して入力し、いろいろな計算をしなければならない。おおもとのデータはと言えば、毎日の観察記録が手書きで書いてあるフィールドノートである。それが二年間で一〇〇冊以上ある。そこには、毎日、チンパンジーを発見した時点からの、観察した事柄がずらずらと書き並べてあるので、まずは、フィールドノートを全部コピーし、それを切り貼りして、観察対象の個体ごとにまとめる作業から始まった。まったくのアナログの時代である。

私は、チンパンジーの赤ん坊がどのように育っていくか、母親はどのように子育てしているのかを中心に観察していたので、赤ん坊ごとに、生まれた時からの時間に沿って成長の様子の分析を始めた。どれくらい母乳を飲むのか、運動能力はどのように発達するのか、他個体との社会関係はどのように変化していくのか、母親はどんな行動をしているのか、などなどである。

生まれた直後から一年以上にわたって詳しく観察できた赤ちゃんは三頭いた。また、観察を始めたときに離乳前だった個体で、詳しい観察ができた子どもは十頭ほどいた。これらの個体を中心に、いろいろな分析を始めた。

理学部人類学教室の助手の仕事は、それほど多くはなかった。何から何まで、昨今とは違っておおらかな時代だったのである。学部の三年生を野外観察実習に連れて行かなければならない、教室会議に出席しなければならない、フィールドワーク関係で卒論研究をしたいという学生の面倒を見なければならない、というのが必要最低限の業務で、そのほかにはそのつど雑用が少しあるだけだった。だから、時間の多くは自分の博士論文作成に使えた。それでも、膨大なデータの入力と計算、統計処理などには、気の遠くなるような長い時間がかかった。

しかし、私が一番苦労したのは、論文をまとめる観点の設定である。チンパンジーは、ヒトにもっとも近縁な動物である。そのチンパンジーの子どもはどのように成長するのか、母親はどのように子育てするのか、を観察してきたわけだが、これを、「子どもの成長と母子関係」と表せば、発達心理学などを含むさまざまな領域の観点から書くことができる。では、人類進化を研究する自然人類学の中で、私の研究はどのように位置づけられ、どんな貢献をするものなのか？　実に恥ずかしい話だが、それがよくわからなかったのである。

「チンパンジーの子どもの成長と母子関係」の研究ならば、動物園で飼育されているチンパンジーが対象でも構わない。では、なぜ私はアフリカへ行ったのか。それは、野生状態で彼らがどんな生活をしているのかをベースにしたいからだ。なぜそうなのか。それは、野生の状態が進化の舞台なのであり、暮らしを取り巻く生態との関係で行動がどのように生成するのか、それらの行動がどのように進化してきたのかを知りたいからだ。つまり、行動生態学の枠組みである。

私は本当に、自分の博士論文の理論的意味とその構成を考えるのにずいぶん苦労した。それは、「子どもの成長と母子関係」という旧態依然の言葉からなかなか逃れられなかったせいだろう。成長と母子関係という、このキーワードがいけなかったのだ。一時はずいぶんと迷走し、子どもが養育者に対して抱くアタッチメントが大切だというアタッチメント理論やら、精神分析の理論やらにまで迷い込んだこともあった。

しかし、子殺しに関する論争をしていく中で、ようやくキーワードの間違いに気づいた。私の研究は、チンパンジーの雌の繁殖戦略の研究であり、雄と雌が子に対してどのように世話投資をするかの、「親の投資の理論」に関する研究なのである。子どもの成長というのも、各成長段階で親がどのように世話しなければいけないのか、いつ世話をやめて次の子への投資に切り替えるのか、という問題なのだ。

チンパンジーは乱婚であり、特定の雄と雌の間に長く続くペア・ボンドはないと言ってよい。子どもの父親が誰かはまったくわからず、雄は子の世話にほとんどかかわらない。そして、先にも述べたようにチンパンジーの雄は子殺しをする。この雄の行動観察をしていたのは、夫の寿一である。彼の博士論文は、雄の繁殖戦略の研究だ。雌たちが、出産後ほぼ五年間にわたって緊密に子の世話を行なうのとは対照的に、繁殖に関する雄の行動のほぼすべては乱婚的配偶と、雄どうしの社会的闘争だ。こうして二人合わせると、「野生チンパンジーの繁殖戦略」となる。

そしてもう一つ、生活史戦略という論点がある。これは、ある種に属する個体がどのように成長し、繁殖して、やがては死を迎えるのか、その一生の間の時間とエネルギーの配分に関する戦略である。多くの一年草の植物のように、あっという間に成熟し、たくさんの種子をつけて一年で枯れてしまうものもあれば、樹木のように、何年もかかって大きく育ち、その後は何年も実をつけるものもある。動物でも、タラのように二百万個もの卵を産んで、子の世話を何もしない種類もあれば、チンパンジーのように、五年に一回一匹の赤ん坊を産み、五〇歳近くまで生きるものもある。「子どもの成長」という言葉によって隠されていたが、実は、一生の間の時間とエネルギーの配分という、「生活史戦略」も、キーワードの一つだったのだ。

博士論文の執筆

こうして、博士論文の行動生態学的枠組みは整ったが、もう一つ問題がある。それは、自然人類学として、この研究をどう位置づけるかだ。チンパンジーは、ヒトにもっとも近縁な動物である。私たち人類の系統が、ヒトとチンパンジーの共通祖先の系統から分離したのは、およそ七百万年前だ。この七百万年の間にいろいろなことが起こって、現在のチンパンジーと現在の私たちができた。その違いは何であり、なぜこのような違う生き物に進化したのか？　人類学的には、これこそが問うべき疑問である。

ところが、当時の霊長類学会の雰囲気や理学部人類学教室では、チンパンジーがいかにヒトに近いかを論じることに注力していて、違いをことさらに取り上げる雰囲気はなかった。それは、世界的にもそうだったと言える。英国のジェーン・グドールが、世界で最初に野生チンパンジーの行動研究を開始したのが一九六〇年代。場所は、私たちが研究していたマハレから一八〇キロほど北に行った、ゴンベという場所だ。グドールは、チンパンジーが他の哺乳類を捕まえて肉食をすること、食物の分配をすること、道具を使うこと、複雑な社会関係を持っていることなどを次々と明らかにしていった。それは、いかにチンパンジーがヒトに近いかを強調する論調であり、世界中がその論調に同調した。

私は、アフリカでチンパンジーの研究を始める前に、千葉県の野生ニホンザルを研究していた。ニホンザルは、旧世界ザルに属する。そこから進化したのが類人猿の仲間であり、その類人猿の一部から人類が出てきた。そこで、私は、旧世界ザルと類人猿とヒトの比較をした。ヒトが進化してきた環境は、現在のような文明のある先進国の暮らしとはまったく異なる。そこで、現在でも狩猟採集生活をしている人々の暮らしに関するデータを調べた。

しかし、なんといっても力不足は明らかだった。キーワードの見直しから、ようやく行動生態学的枠組みはできたものの、論が浅い。現生生物間の比較から進化的考察をするのは行動生態学の常道なので、霊長類各種の比較から人類進化に関する考察を試みたのだが、これも論が浅い。とにかく、論じるべき観点が多すぎて整理がつかず、時間だけが過ぎていく。

焦りながらも、分析は一応終わりにして、本文の執筆に取り掛かった。当時は、コンピュータによるワードプロセッサーが出てきたばかりで、記憶媒体はフロッピーディスクという、薄いぺらぺらのものだった。それでも、私のころは、修士論文は手書き、英語の論文はタイプライターで打つという時代だったのだから、それに比べればすごい進歩である。

ある日、研究室で午後八時ごろからコンピュータに向かって本文を書き始め、何章も書き進めていったところ、突然の停電である！　いつのまにか真夜中になっていた。その日、理学部二号館は夜中の十二時から一時間ほど停電になります、というお知らせがあったのだが、すっかり忘れていた。コンピュータの電源も切断。まわりは真っ暗で何も見えない。手探りで廊下に出ると、誰もいない。さて、当時の古いコンピュータには、自動セーブの機能はついていなかった。しばしば、途中で止まって自分でセーブしなくてはいけないのだが、私は、それも忘れてずっと入力していた。つまり、この四時間ほどの入力は、全部消えてしまったわけだ。

ああ、なんということだ！　真っ暗闇の中でただ一人、呆然と椅子にすわっている姿を思うと、なんだか滑稽であった。やがて明かりがついた。さて、このまま寝てしまうわけにはいかない。書いたことはまだ覚えているので、さらに数時間ほどかけて全部を書き直した。そんなことができるのが、若いということなのである。

晴れて博士に

こんなことをはじめとしていろいろあったが、とうとう一九八六年の三月に博士号を取得した。学位記授与式は、安田講堂で、理学系研究科全体で行なわれた。私よりも数年下の後輩で、同じ時期に学位取得した人もいた。人類学教室に戻ってささやかなパーティがあったが、お昼の三時ごろであり、ビールもシャンペンもなく、それほど華やいだ雰囲気はなかった。「理学博士とは、足の裏にくっついたご飯粒のようなもの。取っても食えないが、取らねば食えない」という言葉を聞いたのは、このときだった。

その日の夕方、家に帰るとき、せっかく博士号を取得したのになんだか冴えないので、自分で自分に花束を買った。当時は、両親の家を二世帯住宅に作りかえて、両親と私たち夫婦が住んでいたのだが、家に帰りつく前になんだかばかばかしくなり、花束は母親にあげてしまった。

家でも、とくにお祝いはなかった。と言うのも、夫の寿一がまだ博士号を取得していなかったからだ。それは、夫の論文執筆が遅れていたからではない。夫は文学部の心理学科の卒業で、当時は駒場の教養学部の助手をしていた。夫も、私と同じように博士論文の分析と執筆をしてきており、私と同じときに論文提出をしたいと思っていた。ところが、当時の東大文学部は、「博士号なんて、そんな若いときに取るものではない、夏目漱石だって取らなかったのに」といった雰囲気で、論文提出を拒否されたのだ。

しかし、そんなことがあったすぐあと、日本の文学博士の授与数が世界的に見てあまりにも少ないことが問題になり、文学部ももっと課程博士を出すようにするべきだという方針転換が起こった。そこで、夫はすぐにも論文提出することになり、翌一九八七年三月に博士号を取得した。東大の博士号には、理学博士、文学博士ともに、戦後の新制大学になってからの番号がつけられている。私の理学博士は一七五一番であるのに対し、夫の文学博士は三五番。確かに、夫の文学博士の方が希少価値である。

今の私は、総合研究大学院大学の学長をしているが、自分自身の学位取得に関するこんな寂しい経験があるので、本学での学位記授与式の日には、院生たちにうんと華やかにお祝いをしてあげたいと思うのである。

第八章　ケンブリッジへ

特定研究「生物の適応戦略と社会構造」

一九八〇年代当時、文部省の大型研究費に「特定研究」というのがあった。当時京都大学教授の寺本英先生を代表として、その特定研究の計画が採択され、一九八二年から研究が始まった。「生物の適応戦略と社会構造」という題名で、昆虫から魚類、鳥類、霊長類、ヒトまで、行動生態学的な枠組みで研究しようという、当時としては画期的な、分野横断の研究計画だった。この特定研究の動物班の代表が名古屋大学教授の伊藤嘉昭先生だった。

伊藤先生は昆虫学のご専門で、とくに沖縄の大害虫であったミバエを不妊化することにより絶滅させた功績のある方だ。先生は、当時の新しい行動生態学に大変興味を抱かれ、この学問を日本でも発展させるための核を作ろうとお考えになり、特定研究に参加された。行動生態学は、動物の行動全般に関する理論的枠組みを提供するものであるので、たとえば昆虫や鳥類など、特定の分類群にとどまる話ではない。そこで、行動生態学をやりたいと思う若手研究者が多数参加することになった。今振り返っても、日本の行動生態学を築いた若手研究者は、ほぼ全員がこの特定研究に参加していたように思う。

この研究プロジェクトには、霊長類学の研究者も生態人類学の研究者も参加していた。しかし、このグループは、とくに行動生態学を目指していたわけではなく、先にも書いたように、このころは依然として今西進化論に固執していた。それでも、サル類や人類とは異なる動物の研究をしている他の研究者たちが、行動生態学の枠組みで議論するところを身近に見る機会があったことは、少しはこの分野の変化に貢献したのではないかと思う。

思えば、あの特定研究が始まるまで、研究者たちは分類群ごとにまとまっていて、自分の研究対象の分類群を越えて集まる機会がほとんどなかった。とくに霊長類学、人類学は、他の動物群の研究者との交流がなく、虫や鳥や魚で起こっていることと、サルや人類で起こっていることとはまったく関係がないと思っていた。そんな中で、行動生態学という大きな枠組みをもとに、どんな動物の行動についても、その機能と進化を議論できる機会に恵まれたことは素晴らしいことであった。狭い学会にとどまっている必要はないのだと、改めて感じたのもこの研究班においてであった。

クラットン＝ブロック博士との出会い

一九八六年の夏、この特定研究による国際シンポジウムが開かれ、海外から多くの有名研究者が招待された。血縁淘汰《けつえんとうた》理論のビル・ハミルトン博士、アシナガバチの行動生態学のメアリ・ウェスト＝エバーハード博士など、そうそうたるメンバーが集まったが、その中にケンブリッジ大学のティム・クラットン＝ブロック博士もいた。ティムは、スコットランドのラム島におけるアカシカの行動生態の研究で有名であるが、もともとはクロシロコロブスというサルの研究から出発した人だ。私は、博士号を取得したあとは、霊長類ではなくて、もっと「動物らしい動物」の行動生態学を研究したいと考えていたので、この国際シンポジウムのときに、ティムに話をしてみた。

私は野生チンパンジーの研究で博士号を取得したこと、行動生態学的研究をしたいのだが、日本では大型哺乳類を対象に、そのような研究ができる場所がないので、貴研究室に行きたいのだと述べた。答えは、自分で何かの資金を取ってくるのであればいつでもどうぞ、ということだった。そこで、三五歳未満の博士号取得者が、英国の大学で一年間研究できるという、ブリティッシュ・カウンシルの奨学金に応募することにした。

ブリティッシュ・カウンシルによるこの奨学金は、今ではなくなってしまったのだが、当時、日本からは毎年、分野を問わずに数人が採択されていた。一九八六年の秋、採択の手紙が来たときには、本当に天にも昇る心地だった。まず強く感じたのは、行動生態学のメッカの一つであるケンブリッジ大学動物学教室で、新しい研究に没頭するぞという決意と、もう日本の霊長類学会とのしがらみはおしまいだという決別感とであった。

ケンブリッジ大学は、大学本体とは別に、いくつものカレッジで構成されている。カレッジとは、学者と学生の集まりで、これがヨーロッパ中世に始まった大学のもとだ。パトロンから資金を調達し、学者と学生が一緒に寝泊まりして議論する場である。ケンブリッジで一番古いのは、一二八四年設立のピーターハウス・カレッジ。その後、国王や大僧正などの基金によりたくさんのカレッジが設立され、今では三一のカレッジがある。学生はみな、どれかのカレッジに所属し、先生たちや研究者の多くもカレッジの所属だ。カレッジは独自の資金源を持ち、独自に運営されている。

学部や研究科という組織からなる大学の仕組みはカレッジとは異なり、国からの支援を受けて運営されている。私は、理学部動物学教室のフェローになったのだが、それとは別にどこかのカレッジに属さねばならない。クラットン＝ブロック博士が手配してくれたのは、一九六四年創立、学部生はいなくて大学院生以上だけを受け入れる国際的なカレッジである、ダーウィン・カレッジだった。部屋もダーウィン・カレッジ内に借りて住むことになった。キングス・カレッジやモーダリン・カレッジなど、伝統のある古いカレッジでないことを残念がる人もいたが、私は、そんなことはどうでもよかった。とにもかくにもケンブリッジだ。私は、そこで新天地を開くのだ。

ダーウィン・カレッジと動物学教室

一九八七年の九月、成田から旅立ってロンドンに着いた。そこからケンブリッジ行きの電車に乗るのだが、途中で線路工事があったため、何度か電車を降ろされ、つなぎのバスに乗せられた。当時は、携帯電話などはなかったので、ところどころで、公衆電話からティムに電話をかけた。電車からバスに移るとき、大きなスーツケースをごろごろ転がしながら、「この道でよいのか?」と工事のおじさんに聞いたところ、'Yes young lady!' という答えだった。この young lady というのがどういうニュアンスなのか、私はもう三四歳なんだけど、でも lady か、などなど、複雑な気持ちになった。

予定の時間よりは大幅に遅れたが、なんとかケンブリッジの駅に到着し、ティムのサーブのお迎えで、郊外のティムの家に連れていってもらった。ご家族と会い、夕食をともにし、私に与えられた寝室に引き上げたときは、もう十一時を過ぎていた。大きなフランス窓から月明かりが差し込み、磨かれた木の床に庭の枝の影が映っていた。私は、とうとうケンブリッジに来たことが嬉しくて一人で踊った。

翌日、ダーウィン・カレッジに手続きにいった。すると、今日から部屋に入れるというので、すぐに荷物を持ち込んでカレッジ暮らしが始まった。ダーウィン・カレッジは、ダーウィンの次男で数学者・天文学者であったジョージ・ダーウィンが住んでいた家と、その隣の家とをつなげて作った建物からなっている。私があてがわれた部屋は、一九六〇年代に、そのつなぎの部分に作ったところの部屋だった。ダーウィンゆかりの部分ではないのが残念だが、そんなこともどうでもよい。シルバー・ストリートとその先の緑の芝生を見下ろす二階の部屋が、それから一年間の私の住まいとなった。

ダーウィン・カレッジの外観

カレッジでは、昼食と夕食が食堂で出されるが、それには予約がいる。そして、それぞれの身分に応じて、一週間に何回か、ただで食べられることがある。そういう食事の割り当てがある人を、ダイニング・ライターという。「食事の権利を持つ人」という意味だ。普段の食事は、普通の大学の学食と同じような感じだが、とにかく、世界中からいろいろな学問の研究者が来ているので、隣に誰がすわるかわからない。どんな組み合わせの席になったとしても、自分の研究について、相手の研究について、何か軽いアカデミックな会話ができないといけない。こんな経験を日常的に積めることがカレッジの強みである。

ダーウィン・カレッジの著者の部屋

月に何度かは、正式なディナーがあり、そのときには、カレッジのマスターを囲んで、お祈りがあって、みんな身分に応じたガウンを着る。私は、自分のガウンを持っていないので町の貸衣装店に借りにいった。東京大学の博士号を持った研究員だと言ったところ、貸衣装店は、それは修士相当なので、博士のガウンを着ることはできないと言う。ケンブリッジ大学で博士号を取った人しか博士のガウンは着られないのだと、主張して譲らない。東京大学なんて聞いたこともない。何それ？　という感じだ。今では変わったのかもしれないが、大学内部というよりは、こういう町の人々との接触において、差別的な感じを受けることが多かった。

ダーウィン・カレッジで暮らし始めて何日かたったころ、市場に行って、ホットドッグを買って一人で石の上にすわって食べた。ものすごい解放感だった。カレッジでいろいろな人に会い、自分の研究を説明し、相手の研究について聞く。自分が日本という国の出身で、女性で、東京大学の卒業で、東京大学理学部の助手で、などなどということは一切関係ない。意味がない。意味があるのは、私が何を言い、どんな意見を持っているか、どんな言うべきことを持っているか、だけなのだ。私は私であって、何者でもない。私は、私のしたいことをすればよいのであって、どんなレッテルに束縛されることもない、ということを改めて実感した。あの日の、市場での暖かい日差しと、さしておいしくもないホットドッグの味は忘れられない。

一方、動物学教室では、本当に新しい研究に、すぐにも参加することになった。私は、クラットン＝ブロック博士らが行なっていた、アカシカの行動生態の研究にあこがれて、それに参加しようと思って来たのだが、ティムによると、アカシカではもう、おもしろいことはほとんどやってしまったので、次は、ダマジカという別の種類のシカにおける female choice の研究をしようと思っている、ということだ。

ダマジカは、ヘラ状に広がった角を持つ中型のシカで、雄たちは一カ所に小さななわばりを密集して持つ。そこへ雌たちが訪れ、自分の好みの雄と交尾して去る、レック繁殖という配偶システムを持っている。レックで雌たちはどんな雄を好むのか、その雌による選り好みの研究を始めるところだ、ということだった。研究の場所は、ウエストサセックス州ブライトンの郊外にある、ペットワース公園。そこには何百頭というダマジカがいて、毎年、レック繁殖が見られるそうだ。そこでの観察を十月一日から始めるので、行ってくれないか。

ダマジカって何、雌による選り好みって何、レックって何???　行動生態学を研究したいと真剣に思っていたにせよ、一介の霊長類学者に過ぎなかった私は、何も知らなかった。当時、雌による配偶者の選り好みの研究が、行動生態学では一番ホットな話題だったのだが、それも知らなかった。大急ぎでにわか勉強を始め、一応、ダマジカについても、レックという繁殖様式についても、雌の選り好みの最先端研究についても、少しはわかったところで、ペットワース公園に向かった。「そんなこと知りませんでした」なんて絶対に言えない。夜中に必死で勉強しても、表向きはわかった顔を保つ、というのが私たちの世代の矜持《きょうじ》であるのだ。

ダーウィンは、自然淘汰のプロセスを考えたあと、このプロセスだけでは、同種の雄と雌の違いを説明できないと悩んだ。周囲の環境に対応する適応が生じるのであれば、同じ種に属する雄と雌は、同じ食べ物を食べ、同じ捕食者にさらされ、同じところにねぐらをつくるのだから、同じ形態になってよいはずだ。それでも、雄と雌はずいぶんと違う。雄は、大きな角や牙を生やしていたり、きれいな羽を持っていたりする。雌は、たいての場合、地味だ。行動も異なる。これをどう説明したらよいのか？ずいぶん長い間悩んだ結果、ダーウィンは二つのプロセスを考えついた。それは、配偶相手の獲得をめぐる雄どうしの競争と、雌による配偶者選びである。この二つのプロセスを合わせて、性淘汰と呼ぶ。このうち、雄どうしの競争は、どこでもどんな種でも明らかに観察されたので、すぐに認められた。配偶者の獲得をめぐって雄どうしが戦うために、角があり、牙がある。そんなものは雌には必要ない。雄は攻撃性が高く、雄どうしで順位を築く。これらは、すぐに納得された。

しかし、ダーウィンはこれだけが性淘汰のプロセスではないと考えた。雄どうしの競争で勝った勝者の雄をただ受け入れるだけが雌ではないだろう。雌は、雌自身の選り好みを働かせており、それもまた、性淘汰の大きな要因の一つに違いない。ダーウィンは、そのことを示唆する逸話を山のように集めたが、当時から、この説は人気がなかった。それには、雌はそんな好みによる判断ができるほど賢いはずがないという思い込みもあったが、証拠がなかったことも事実だ。

それに対して、実験的に雌の選り好みを示した研究が発表されたのが一九八一年。その後、理論的にも、雌の選り好みによる性淘汰が生じ得ることを示す論文も出て、female choice は本当に最先端のホットな研究課題だったのである。そんなことも知らずに、行動生態学のメッカに迷い込んできた私なのだが、ケンブリッジに到着した二週間後には、ダマジカのレック繁殖における雌の選り好みの研究現場に放り込まれることになった。

この研究と、翌年の三月から始まった、スコットランドの沖合のセント・キルダ島における野生ヒツジの研究が、私のケンブリッジ時代の二大研究となった。この二つの研究に参加し、ティムの手腕を身近に観察することで、大きな研究プロジェクトを運営するとはどういうことか、リーダーシップとはどういうことかを学んだ。ケンブリッジ大学動物学教室の他の先生方やポスドクたちとの交流を通じて、さらに多くのことを学んだ。ケンブリッジで学んだことは、もっともっとある。アフリカでの経験とともに、私の今を形作ったのがケンブリッジであったのは確かなことだ。

第九章　ケンブリッジ大学とイェール大学

前章でも述べたが、英国のケンブリッジ大学動物学教室で過ごしたことは、その後の私という人間を形作るのに大変大きな役割を果たした。野生動物の行動を進化の視点から研究する行動生態学の中心地であったケンブリッジで過ごしたことは、霊長類学者から行動生態学者に方向転換したいと思っていた私にとっては、何物にも代えがたい経験であった。しかし、それだけにとどまらず、私の人間形成全体に大きな影響を与えたのである。それは、英国という、ヨーロッパとはつながっていながらも、またヨーロッパとは違う古い伝統文化に触れ、自分自身や、自分の物の見方全体を考え直す機会となったからであった。

また、アメリカの名門大学の一つであるイェール大学で、一九九二年と一九九四年の二度にわたって教える機会があった。そこで見聞きしたことは、大学というもののあり方を考える上で、またとない貴重な経験であり、現在の日本の大学改革を考える上で、私の重要な視点となっている。

自転車と雨

私がケンブリッジに最初に行ったころ、クラットン＝ブロック先生は、動物学教室の中で、「大型動物研究グループ、Large Animal Research Group、略称ＬＡＲＧ」というグループを作っており、そのグループの本拠地は、動物学教室の本体とは違う場所にあった。動物学教室はダウニング・ストリートの建物にあるのだが、ＬＡＲＧは、北西の郊外に行くマディングリー・ロードを少し行ったところを右に入る、ストレーズ・ウェイという小道の奥にあった。私がブリティッシュ・カウンシルのフェローとして最初にケンブリッジに滞在した一年と少しの間はずっと、シルバー・ストリートのダーウィン・カレッジの部屋から自転車でストーレーズ・ウェイのＬＡＲＧに通い、セミナーや講演会のためにダウニング・ストリートの動物学教室に行く、という生活だった。

英国は、日本よりもずっと進んだ車社会だが、自転車の地位が非常に高い。近距離の移動にはみな自転車を使っており、とくにケンブリッジのような小さな町では、まずは自転車が第一の移動手段である。私も、ケンブリッジに行ってすぐに小さな自転車を買った。ダーウィン・カレッジからＬＡＲＧまでは結構な道のりで、雨の多い英国の気候では苦労した。

それよりも、交通規則が問題であった。日本では自転車は歩行者と同じ感覚で、自動車の交通規則とは関係なく乗れたが、英国ではまったく違った。自転車は厳密に言うと車両なので、自動車と同じように交通規則を守らねばならない。私は、初日に一方通行の道を逆走し、前方からやってきた自転車の乗り手に怒鳴られた。大きな道路でも右折、左折には必ず手をあげて意思表示をせねばならず、これも慣れないうちは大変だった。日本では、最近になって、自転車も交通規則を守るようにという方針に変わったが、現実はまだまだであるようだ。

また、自動車の交通規則も、日本よりもかなり厳密である。とくに駐車違反の取締りは厳重で、日本のように、駐車禁止のところにちょっと停めても大丈夫、ということはない。見回りがしょっちゅうあり、すぐに捕まってしまう。夫が私を訪ねて日本からやってきていたときには、日本のつもりで駐車禁止の場所に停めて、何度も捕まっていた。

雨の中を自転車で移動するのは、日本から来た私にとってはかなり面倒なことだった。が、英国人は何とも思わないらしい。かなりの雨でも傘なしで歩いている人は多い。英国では、雨がしょっちゅう降る。しかも、霧雨というか、いつ止んだかもわからないような雨が多いので、雨を気にしていても仕方がないのは、その通りだろう。朝は見違えるような良い天気なのに、午後にはどんどん曇ってしょぼしょぼと雨が降る、というのは日常茶飯事だった。

ロンドンのような都会での会社勤めの人たちはどうか知らないが、ケンブリッジの学者仲間では、服装はみんな質素で、女性はお化粧をしない。アカデミアは、そんなことで勝負しないのである。私も、自転車通勤だし、しょっちゅう雨に遭うし、一年中、ジーパンにポロシャツ、セーターという格好だった。それでも、日本では当たり前の革ジャンなどを着ると、「眞理子はファッション雑誌から抜け出てきたような格好をしている」と言われた。日本やアメリカでは、外見で人を判断するところがあるが、英国のアカデミアの世界は、それとはまったく違った。人は、何を言うのかで判断されるのである。

パスタの普及からEU離脱へ

私が初めてケンブリッジで過ごした一九八七年は、英国がまだまだ「英国」であって、ヨーロッパのいろいろな食材などが行き渡ってはいなかった。当時、ケンブリッジの学者たちの間では、パスタというものが流行り始めたところで、「パスタ・パーティ」をやるのが最新流行なのだと聞いた。何でもぐちゃぐちゃに茹でてしまうのが英国料理だが、そうではなくて、アルデンテに茹でたいろいろなパスタを出すのが、やっと流行り始めたというのである。

ましてや、日本食などはまったくなかった。ロンドンの中華街で日本の食材を売っているので、ケンブリッジ在住の日本人に連れて行ってもらったことが数回あった。あのころは、それほどに「伝統的な英国料理」の英国だったのだ。ただし、元植民地ということもあり、インド料理は本物だった。一九九六年にもう一度、一年間にわたるケンブリッジ生活を送ったが、そのときの食料事情は様変わりしていて、パスタは当然のこと、お寿司もある、ベトナム春巻もあるという状態になっていた。まさにグローバル化である。

一九八七年から一九九六年の間にも、研究のために何度も英国を訪れたが、ヨーロッパ社会の変化は明らかだった。一九八九年の十一月にベルリンの壁崩壊があった。私はその年、またダマジカの繁殖行動の研究のために英国を訪れていた。私が行動生態学のことしか考えていなかったからなのだろうが、十一月九日当日の壁崩壊については何も知らず、数日たって新聞で初めて知った。そして、一九九一年にはソ連が崩壊し、冷戦は終わった。それ以後の英国に、東欧などからの移民がどんどん増えていったのは確かである。

ロンドンの小さな宿屋の受付けが、ほとんど英国人ではなくなった。商店の店員も、レストランの従業員も、英語がよく話せない人が増えた。私は知らないが、製造業、工場などでも大きな変化があったに違いない。そんなこんなが、今日のEU離脱につながっている。

今の英国がどんな状況にあるのかは、ケンブリッジの友達からしばしば聞いているが、英国は未だに階級社会である。ケンブリッジに住んでいる学者仲間の世界とは異なる英国がある。そんな英国の別の側面を伝えてくれる書物として、最近の私が愛読しているのが、ブレイディみかこさんの本だ。『ワイルドサイドをほっつき歩け――ハマータウンのおっさんたち』は、英国の労働者階級の日常とその気持ちを描いて秀逸である。どこの国もそうだが、ある一部の人々の文化だけがその国の文化なのではない。私の知らない英国の姿を生き生きと描きだしてくれる、ブレイディみかこさんの本は、毎回楽しみにしている。

温子さんとの出会い

最初にケンブリッジに来て、ダーウィン・カレッジで生活を始めたとき、ケンブリッジ大学の東洋学部で日本語を教えている日本人の女性がいると教わった。そこで彼女を訪ねていった。ハルコ(温子)・ローリーさんという方で、夫のアンドルー・ローリーさんは、動物学教室出身の動物学者で、ＷＷＦ（世界自然保護基金）などの国際機関で世界の野生動物の研究をしておられるということだった。だから、アンドルーはしょっちゅうケンブリッジにいない。そのときも確か、中国で野生のパンダの研究をしていた。温子さんとは最初にお会いしてからすぐに意気投合し、それ以来、親交を続けている。

温子さんの家は、ケンブリッジの北の方、ＬＡＲＧに比較的近いところにあった。初めてお宅によばれた日には、夕食後も暖炉の前でずっと話がはずみ、結局一晩中話し込んでしまった。以来、しばしば温子さんの家を訪ねることが増え、温子さん自身がアンドルーを訪ねて家を留守にするようなときには、私が温子さんの家に移り住んで家の管理をすることになった。

私がケンブリッジ大学の動物学教室で研究を行ない、世界中からそこに集まる一流の研究者たちと交流したことで学んだことは、いくらでもある。しかし、私のケンブリッジ生活で、その後の私という人間の成長にもっとも大きく寄与したのは、温子さんとの親交であったのではないかと思う。

温子さんは、日本文化に関する研究でケンブリッジ大学から学位を授与されていたが、大学で教えていたのは日本語だった。当時のケンブリッジ大学東洋学部には、日本学科(Department of Japanology)があり、日本語、日本文学、日本社会、日本文化などが教えられていた。今では、独立した日本学科はなくなり、中国、韓国などとともに東アジア文化を一括した学科になってしまった。

温子さんは、日本語などまったく知らないが日本に興味があって日本学を専攻したいと考えた学生たちに日本語を教えるとともに、その教科書を書いていた。そこで、日本語の文法的な問題などについてしばしば質問されるのだが、これがまた難しい。「○○はない」と言うときと、「○○がない」と言うときの違いは何かなど、簡単そうで、説明しようとすると結構難しくなる。ある日本語の文章を読んで、何か違和感を感じないか、感じるとしたらそれはなぜなのかなどなど、そんなことを聞かれるたびに、こちらも真剣に考える。これで、私の日本語理解はかなり進んだ。

それだけでなく、日本文化のこと、日本社会の習慣のこと、普通「日本的」と言われていることなどが、なぜそうなっているのか、私はなぜそう思うのか、しばしばその分析をさせられた。日本では、そのようなことが話題になっても、曖昧にお茶を濁して議論しないですませることがたくさんある。しかし、温子さんとの議論では、一つもそんなことではすまされない。

日本のことだけではない。映画を観ても、ニュースを観ても、すべての話題が、非常に分析的に考えを進めて語られていく。私はなぜそう考えるのかを、つねに問われていく。行動生態学などの科学の話では、私ももちろん、それまでも分析的に問題を検討していたが、社会のありとあらゆることについて、温子さんと話していく間に、私自身が世界を見る見方が変わっていったのだと思う。つまりは、日本社会に漫然と生きていると、ここまで分析的に物事を考えていなくても、私はアカデミアとして通用していたということなのだろう。ケンブリッジ滞在は、それを根底から変える経験だった。

イェール大学で教える

一九九一年の夏、イェール大学人類学部のアリソン・リチャード先生から手紙が来た。翌一九九二年の一月から始まる学期の彼女の講義を、代りに担当してくれないかという依頼だった。アリソンは、マダガスカルに生息するキツネザルの研究で有名な学者だ。イェール大学人類学部の教授で、霊長類学の学部の講義と大学院のセミナーを担当していた。そのアリソンが、イェール大学付属ピーボディ自然史博物館の館長になり、講義が担当できなくなったので、代りにやってくれということである。いわば、国際非常勤講師だ。

一月から六月までの学期の担当ということで、当時の私は専修大学の法学部に勤めていたが、お休みをもらってイェール大学に行った。当時の日本の大学では、講義予定もシラバスも何も要求されていなかった。しかし、私が一月からの学期を担当することになると、一回四五分、一月の第二週から四月まで、毎週三回(月、水、金)ある講義の、毎回のタイトルと内容、全体のシラバス、読むべき論文のリスト、などをさっそく提出することになり、おおわらわで準備にとりかかった。

アリソン・リチャード家での著者(1992年)

ところで、私はこのとき、アメリカの祝日をわざわざ調べ、講義の日が祝日である場合には、そこを抜いて予定を立てた。だが、「イェール大学では、講義日程は国民の祝日とは関係なく行なわれるので、全部埋めてください」という手紙が来て、またおおわらわで予定変更を行なった。

私の学部の講義の受講登録者の数は、最終的に三六人だった。これなら小さいクラスなので何とかなるだろうと思ったが、イェールでは、一人の教授がしっかり面倒を見られる学生の数は三〇人までだと考えられているので、三〇人を超えると一人のティーチング・アシスタント(TA)がつくことになっていた。TAは、同じような研究分野で学んでいる大学院生である。私のTAは、中国からの留学生のジン・ジャンビンという人で、仲間はみな彼のことを英語流にベンと呼んでいた。ベンとの二人三脚での講義が始まった。

大学院のセミナーの方は、理学部の自然人類学や農学部の森林生態学の院生など四人。こちらは、専門的な研究を行なって博士号を目指している院生たちであり、一回二時間、週に一回のペースだった。

質問と議論

こうしてアメリカの一流大学で、学部と大学院の講義を持ったのだが、学生たちの学習態度、先生たちの生活、大学のあり方全体にわたって、あまりにも日本とは異なることに驚愕した。学部の学生たちは、何といってもまだ「子どもっぽい」が、実によく質問し、議論する。誰もが、たとえくだらないことでもしゃべりたがるので、議論の方向を制していくのが大変だった。日本では、学生たちはほとんど発言しない。

日本の学生たちも、考えていること、疑問に思うことはあるのだが、よほどお膳立てをきちんとしない限り、質問や討論を活発にさせることはできない。これでは、日本は国際競争で負けると思った。

日本の学生が人前で質問したり議論したりしないのは、周囲の目を気にするからのようだ。後に教え子の早稲田大学の学生たちに聞いたら、高校までの学校生活で、そんな風に目立ったらよくない、というように、陰に陽に教えられてきたらしい。この傾向は、この二〇年ほどの間に、さらに強くなっているようだ。一方で、SNSのような新しい情報技術ができて、コミュニケーションの舞台が激変した。これからの社会がどのようになるのか、若い世代の動向しだいだろう。

しかし、英国のケンブリッジの先生たちと話していると、何でも質問して何でも発言するアメリカ人の態度は、あれはよくないと思っている人が多い。英国では、自分の発言に対する周囲の反応を見て、質問をやめたり、内容を変えたり、議論の別の方向を探ったりするが、アメリカ人はそれをしない。どんなにズレていても、ずっと、滔々《とうとう》と、自分の主張を続ける。あれには辟易する、という意見が多かった。それは、そうですね。一方、イタリアやフランスのテレビ討論番組などでは、互いにきちんと意見を聴くこともなく、勝手な発言がかぶさりあって、聴き手には理解できないことも多い。どこの文化のやり方が一番良い、ということはないのだが、日本のような態度では、国際競争の場では決して有利にはならないと思う。

イェール大学では、また、教授陣の講義を支える事務や技術系の人員が非常に充実していた。教える方は、学生たちに毎回読ませる論文などのリストを作り、そのコピーを図書館に置き、詳しいシラバスをウェブ上にあげ、オフィス・アワーを設けて学生に対応し、と、するべきことがたくさんあるのだが、それを支えてくれるスタッフもたくさんいる。そして、実際の講義には、先ほど述べたようなティーチング・アシスタントがいるので、学生からの質問やミニ・クイズの採点などもしてくれる。つまり、教育の質を保証するためには、それなりのサポートが必要だということが理解された上で、それぞれが全力を出して仕事をする、という仕組みになっているのである。

昨今の日本では、大学改革の嵐が吹き荒れている。世界の大学の良いところは取り入れ、日本の大学を改革していかねばならないのは確かだが、大学だけが何かをしても変われるものではない。日本の社会のあり方が全体として変わり、大学に何を期待するのかが変わらなければいけないのだと思う。

第十章　ダーウィンとの出会い

いろいろと寄り道もあったが、結局のところ、私は進化の研究をすることになる。進化生物学の元祖といえば、一九世紀英国の博物学者、チャールズ・ダーウィンである。思い返してみれば、進化の研究をしようなどと思う前から、そしてその後も、私とダーウィンの間にはいくつかの縁があった。

『ビーグル号航海記』と『種の起源』

私が最初にダーウィンの著作を読んだのは、父の書庫にあった旧版の岩波文庫の『ビーグル号航海記』である。よく覚えていないのだが、中学生か高校生のときだった。季節は冬で、こたつの中で丸まりながら毎晩読んだのを覚えている。それに続いて、『種の起源』も同じく旧版の岩波文庫で読んだ。旧仮名遣いにルビがふってあって、たいへん読みにくかったが、なぜか全部読み通した。途中で、本の本来の持ち主である父が、「それ、そんなにおもしろい?」と私に聞いたのを覚えている。それほど熱中して読んでいたのだろう。しかし、そもそも科学者ではない父がなぜダーウィンの著作を何冊も持っていたのだろうか? もっとも、持っているだけで、実際に読

チャールズ・ダーウィン

んではいないようだったが。

それはさておき、なぜ私は中学か高校のときに、父の書庫の数ある本の中からダーウィンの著作を選んで読んだのだろうか？　それは、今ではまったく記憶にない。生物の授業か何かで習ったダーウィンの名前が頭に残っており、たまたま父の書庫の中にダーウィンの名前が入った本があるのを見つけたからなのかもしれない。

ともかく、こうして中学か高校のときにダーウィンの『ビーグル号航海記』と『種の起源』を読んだ。もちろん、その当時、内容を理解したわけではない。しかし、『ビーグル号航海記』はおもしろかった。それは、ドリトル先生シリーズに魅せられて以来、船で未知の世界に乗り出す探検にあこがれていたからだ。『種の起源』の方は、なぜ読み通せたのだろう？「世界の名著と呼ばれているものを読み通す」ということだけのために読んだのかもしれない。意味もわからずに読んだのだから、読んだと言っても何も誇れないのだが、のちに進化生物学を専門とし、ダーウィンの著作を翻訳することになったことを考えると、何か因縁のようなものを感じる。

大学二年生の最後の授業でダーウィンの進化理論について習った。それがたいへんにおもしろかったこともあって、ダーウィンという人物自身についても興味を持つようになった。なにしろ、キリスト教的人間観に反して、人間という種が他の「下等な」生き物から進化したことを説明する理論を提出し、現在に至るまで論争を引き起こしている人なのだ。どんな人柄で、どんな生活を送っていたのか、知りたくなるのも当然だろう。

それ以後、ダーウィンについていろいろと調べて勉強した。ダーウィンの妻のエマが、ショパンその人についてピアノを習ったことがあるということも知った。有名になる前のショパンは、こうして英国その他のお金持ちの娘たちにピアノを教えて生活費を得ていたのだ。アメリカのイェール大学の人類学部で教える機会を得たとき、同僚であった化石人類学者のアンドリュー・ヒルも、同じような「ダーウィンおたく」であった。彼とは、このようなダーウィン・トリヴィアを競い合って楽しかった。シヨパンに関して言えば、アンドリューは、それはフランツ・リストではなかったかと言い、再度調べてみて、やはりショパンであることがわかった。これは、私の勝ち。

ダーウィンの世界一周旅行

ダーウィンは、ケンブリッジ大学で学生生活を満喫したが、植物学者のジョン・ヘンズローや、地質学者のアダム・セジウィックのもとで、博物学を本格的に勉強した。それでも、一八三一年にケンブリッジを卒業したあとの職業としては、教区の牧師になるしかないのだろうと思って、シュルスベリの家に帰ってきた。そこにヘンズロー教授からの手紙が届いたのである。軍艦ビーグル号に乗って世界一周の旅をしないか？

ダーウィンは行きたかった。しかし、無給の博物学者で艦長の話し相手という立場である。しかも、五年間。父親は反対した。家業の医者を継ぐこともできず、ケンブリッジ大学を卒業したのにまともな職業にもつかず、いったいおまえはどうするつもりだ？　それを説得してくれたのが、母方のおじさんのジョサイア・ウェッジウッド・ジュニアだった。ビーグル号に乗って世界一周する経験は、きっとその後の人生にとって大きな意味を持つに違いない。行かせてあげなさい、と。

こうして一八三一年十二月二十七日にダーウィンはプリマスの港を出港した。そのとき二二歳。そして翌年の二月に誕生日を迎えて二三歳になった。それからの五年間、彼は文字通りに世界を一周し、とくに南米大陸の生物多様性と地質にめくるめく感動を得るのである。

ダーウィンは、幼いころから博物学に興味があり、最初に行ったエディンバラ大学でも、卒業したケンブリッジ大学でも、植物、動物、地質、鉱物と、博物学の王道を学んだ。そして、つねに昆虫が好きで甲虫類を集めていた。そのときの逸話はたくさんあるが、なんといっても、場所は英国である。本物の熱帯とは比べ物にならない。

日本は同じく温帯にはあるが、英国よりはずっと亜熱帯に近い。そこでチョウなどを見慣れてきた私だ。初めてスコットランドの友人を訪ね、彼と一緒に散歩していたとき、小さくて地味なシジミチョウが現れた。私はたいして興味を持たなかったが、彼はすごく興奮して、「シジミチョウを見つけたぞ！」と騒いでいた。そんな国から熱帯に行ったダーウィンである。どれほど興奮したことか、想像にあまりある。

昆虫の社会生物学者であるエドワード・O・ウィルソンは、ペルーのタンボパタ国立公園内の一本の樹木に生息しているアリの種数は、英国全土に生息するアリの総種数よりも多かったと述べている。二三歳でそんな場所に到着したダーウィンが、熱帯の自然とその生物多様性にどれほど興奮したか、そんな世界を見ることによってどれほど世界観が変わったことか。

一九世紀には、ダーウィンだけでなく、ドイツの探検家のアレクサンダー・フォン・フンボルト、のちに自然淘汰の理論を同時に思いつくことになったアルフレッド・ラッセル・ウォレス、ウォレスと一緒にアマゾンを採集旅行したヘンリー・ウォルター・ベイツ、ニューギニアでトリバネアゲハを発見したアルバート・ミークなど、多くの才能ある人間が熱帯を探検して、その生物多様性に触れた。その彼らは、きっと、心の底では、生物と人間の起源に関するキリスト教の教義を、一度は疑ったのではないか。キリスト教やユダヤ教が発祥したのは、生物多様性の少ない砂漠地帯である。そこで暮らした人々の世界観から生まれた宗教は、世界全体の生物に対する、ごく貧しい認識に基づいて作られたのだから。

ビーグル号の航海におけるダーウィンのさまざまな経験の中で、ガラパゴス諸島に立ち寄ったことは、とくに注目されている。それは、現在のガラパゴス諸島に、そこにしか見られない多くの生物が生息していることと、島でもカメでも、島ごとに異なる種が生息していることと関係がある。現在の私たちがガラパゴス諸島の生物について知っていることと、ダーウィンがガラパゴス諸島を実際に訪れていること、そして、その後に進化の理論を提出したこととがあいまって、ダーウィンはガラパゴス諸島の生物を見たことで進化論を考えついた、というような憶測による俗説がたくさん生まれた。しかし、それらは真実とはほど遠い。

ここにおもしろい事実がある。それは、二〇〇五年に一七五歳の誕生日を祝われたガラパゴスゾウガメのハリエットに関することだ。ダーウィンは、一八三五年にビーグル号でガラパゴス諸島に立ち寄ったとき、何匹かのゾウガメを捕まえて本国に持ち帰った。このハリエットは、そのときに捕獲されたカメのうちの一匹だと長らく考えられていた。ところが、最近のＤＮＡ鑑定の結果、ハリエットは、ダーウィンが訪れたことのないサンタクルス島の固有種であることがわかり、ダーウィンが連れてきたゾウガメではなかったことがわかったのだ。ハリエットは、二〇〇六年にオーストラリアの動物園で亡くなった。しかも、長らく雄だと思われ、名前はハリーだったのだ。

ガラパゴスへ行く

ダーウィンにとって、ガラパゴス諸島は、それほど興味深い場所ではなかった。そこを訪れた一八三五年には、まだ進化の理論は片鱗も考えていなかった。それでも、ダーウィンと関連付けてガラパゴス諸島への興味は尽きない。私は、念願かなって、二〇〇三年に自分でガラパゴスを訪れる機会を得た。

コンチネンタル航空でまず、ヒューストンまで飛ぶ。そこで乗り換えて、エクアド

ガラパゴス諸島，バルトロメ島の風景

ルの首都のキトに行く。そこから、海岸の都市であるグアヤキルまで飛び、そこで一泊。翌日、グアヤキルからガラパゴスまで飛ぶ。その機体は、小さなプロペラ機などではなく、なんとボーイング727であった。ダーウィンが、帆船の軍艦ビーグル号で訪れた時代とは様変わり。ガラパゴス諸島には二つの国際空港があり、毎日二便の飛行機が飛んで、年間六万人の観光客を運んでくるのであった。

ガラパゴスでは、サンタ・クルス号という豪華客船に寝泊まりして、いくつかの島を訪れた。よく晴れた朝、ゴムボートに乗ってヘノベーサ島を訪れたとき、海岸の岩一面に張り付いている真っ赤なカニたちが、遠くからも目に入った。あちこちの岩にはウミイグアナが太陽に向かって鼻先を上げている。

ダーウィンの自然淘汰の理論を、現在進行中の過程として立証した有名な研究がある。ガラパゴス諸島に生息するダーウィンフィンチという鳥の研究だ。プリンストン大学の進化生物学者であるピーター・グラントとローズマリー・グラント夫妻の研究室で長らく行なわれてきた。ダーウィンフィンチは目立たない地味な鳥であるが、現在、一三の異なる種類がいる。これはもともと、南米大陸から飛来してきた一種のフィンチに由来し、それが種分化してできた。その種分化の過程自体は過去のものとなってしまった。しかし、現代の気候の変動とそれによる食物の変化が、フィンチの嘴《くちばし》の形にどのような淘汰圧をもたらし、それによって、最終的には現在でも新たな種分化が引き起こされるかもしれない可能性について、彼らの研究は、素晴らしいデータを提供している。

グラント夫妻の研究の現場は、ダフネ・マヨールという小さな島だ。その島は、一般には立ち入り禁止になっているので、訪れることはできなかった。私は、遠くから小さくかすんだ姿を眺めただけである。しかし、訪れた各島でダーウィンフィンチは何度も見かけて、写真を撮った。ガラパゴスを訪れる観光客たちはみな、野生動物に興味がある人たちばかりなのだが、ただ黒いだけで何の変哲もないダーウィンフィンチの写真を夢中で撮っているのは私だけだった。

ダーウィンがガラパゴスで考えたこと

ガラパゴス旅行には、もちろん、ダーウィンの『ビーグル号航海記』を携えていった。このときは、旧仮名遣いの岩波文庫ではなく、原書を持って行った。ダーウィンが最初に到着したところから、ビーグル号が錨を上げて離島するところまで、サンタ・クルス号の上で何度も読んだ。

ダーウィンフィンチの嘴の形状が異なること、島によって生息するフィンチの種類が異なることなどが、ダーウィンが自然淘汰の理論を考えついたきっかけの一つであると、よく言われてきた。しかし、ガラパゴスを訪れたときのダーウィンは、実は、この鳥にはまったく注目していない。『ビーグル号航海記』でも、そのもとになった『ビーグル号日誌』でも、フィンチについて書かれているところなどたった一カ所しかない。それも、他の鳥に言及する枕のような扱いだ。明らかにダーウィンは、フィンチの重要性を理解していなかったばかりか、どの島で採集した標本であるかも、かなりずさんにしか記録しなかった。ジョン・グールドが標本を整理して、これらのフィンチ類はそれぞれ種が異なることを指摘し、初めてそのことの持つ重要性に気付いたのだった。

それを言えば、ダーウィンは、ガラパゴスゾウガメの甲羅の形状が島ごとに異なることについても注目していない。「住民たちは、甲羅の形を見ただけでどこの島のカメだか当てられると豪語している」と記述はしているが、自分でそれを確かめることはしていない。『ビーグル号航海記』の中に書かれているのは、食べたカメの大きさのことばかり。タンパク質が手に入らない大航海の途中では、それも無理もないかもしれない。そして、カメの肉を食べたあとの甲羅や骨は、みんな甲板から海に捨ててしまった。

しかし、彼は確かにガラパゴス諸島で、種の起源について考える一つのきっかけを得ている。それは、マネシツグミである。彼がガラパゴスで見たマネシツグミは、チリで見たものと外見はそっくりだったが、鳴き声が明らかに違った。このことに気付いたダーウィンは、チリから渡ってきた祖先から何世代も子孫が交代するうちに、違う鳴き声を持つ系統が出現する可能性について考察している。なんだかんだと言って、やはりガラパゴス諸島は大事な場所だったのかもしれない。

鳥の鳴き声の世代変化については、最近、私自身が経験している。私たちは伊豆の山の上に家を持っているのだが、そこのウグイスは、三十年前には確かに「ホーホケ

ダーウィンフィンチの雌(上)と雄(下)

ガラパゴスゾウガメ(上)とマネシツグミ(下)

キョ」と普通に鳴いていた。ところが、今では、「ホーホケキキョ」と鳴く。こんな鳴き方をする個体は、数年前に一羽現れたのだが、今ではそこら中がこの鳴き方だ。鳥のさえずりの方言についての研究はたくさんあるが、自分でその生成過程を経験したことは、私が進化を考える上でも重要なことである。

ガラパゴス旅行の最中のある晩、サンタ・クルス号のデッキから暗い海を見下ろしていると、アオウミガメがゆうゆうと泳いでいるのを見つけた。その甲羅に、何かいぼいぼしたものがついている。双眼鏡で見てみると、それは、うす赤い色をしたイソギンチャクが二つくっついているのであった。カメはしばらく、船の横を船と同じ方向に泳いでいたが、やがて進路を変えて闇の奥に消えていった。ダーウィンだったら、すぐに捕獲して標本にしていたのだろう。そうやって捕まえたものの多くが新種であったり、その地域での初記録であったりした百五十年前に思いをはせた。

ダーウィン・カレッジ

先にも述べたが、私が一九八七年にブリティッシュ・カウンシルのフェローとしてケンブリッジ大学動物学教室に行ったとき、ティム・クラットン゠ブロック博士の紹介で入ったのがダーウィン・カレッジであった。このカレッジは、一九六四年創設の大学院生のみのカレッジであり、私のようなポスドクの研究者や、サバティカルでケンブリッジに来ている年長の研究者など、「おとな」ばかりのカレッジだった。

このカレッジの建物は、先にも述べた通り、ダーウィンの次男で数学者・天文学者であったジョージ・ダーウィンの家と、その隣家とをつないだ建物である。ダーウィンの進化の理論に興味を持った私が、ダーウィンの次男の家に住むことになったのだから、これもまた奇遇である。そして、そのカレッジに私より前から住んでいた英文学の先生から、そのジョージ・ダーウィンの娘であるグウェン・ラヴェラが書いた、"*Period Piece*"という書物があることを教わった。さっそく地元の本屋で購入した。

彼女は一八八五年生まれ。ダーウィンの次男の長女である。画家、木版画家で、のちにフランス人の画家と結婚したので、この名前なのである。この本には、一九世紀の終わりから二〇世紀初頭にかけての、ダーウィン家での生活がつぶさに描写されている。彼女自身は、美術の道に進んで自立したかったのだが、当時の「淑女」は、そんな生活をしてはいけないと言われ、ずいぶん反抗したようだ。結局は、家族から、「淑女として振る舞わなくてもよい」というお許しをもらって自立したというのだから、当時の英国の雰囲気がよくわかる。

本書は、山内玲子氏により、『ダーウィン家の人々――ケンブリッジの思い出』という題名で翻訳されている。この本の解説を書いたことがきっかけで、山内玲子氏ともお知り合いになれたのは幸運なことだった。英国も日本も、古い伝統文化というのは難しく、その中で女性が自分のやりたいように生きていくのは難しい。ずいぶんよくなったけれど、それは今でも変わらない。

第十一章　科学とは何か？

私の就職活動

博士号を取得し、英国のケンブリッジ大学動物学教室でダマジカや野生ヒツジの研究をした私だったが、その間は、東京大学理学部生物学科の助手という身分であった。しかし、いつまでも助手でいるわけにはいかない。内規で任期がついていたこともあり、ケンブリッジ大学に滞在している間に、次の就職先を探し始めた。動物学科の掲示板に貼られた求人広告にはつねに目を通していた。どんなところでも、可能性があれば応募するつもりだった。

ある日、オクラホマ大学の生態学教室の求人があった。私がそれを読んでいると、ティム(・クラットン＝ブロック博士)が、「だめだめ、それはやめた方がいい」と言う。そんなところへ行ったら、まわり中、あるものと言えばトウモロコシだけ。学問の中心から遠く離れ、何の刺激もなく、いいことは絶対にない、ということだった。なるほどと納得して、そこには応募しなかった。

日本に帰ってから、状況はどんどん厳しくなった、東京大学理学部人類学教室の当時の主任教授が、「女は絶対に東大で教授にはなれないのだから、早く出て行きなさい」と言った。一九八九年のことである。今ならセクハラ発言もいいところだが、当時はセクハラという言葉すらなく、なんの問題にもされなかった。

このセクハラ発言は別として、内規で助手の任期は五年ということだったので、ともかく次の職を探さねばならない。そこで、通勤電車の中で、学術雑誌の求人広告をなめ回すように眺める日々が続いた。

ある日、パプアニューギニア大学の求人が目に入った。そのころには、本当に躍起になっていたので、あたりかまわず何にでも応募してみる気になっていた。しかし今度は夫が、「だめだめ、それはやめた方がいい」と言う。理由は、オクラホマのときと同じだ。まわり中にあるものがトウモロコシではなく、サンゴ礁なだけだ。それはそれで素晴らしいかもしれないが、やはり学問の中心から遠く離れ、何の刺激もなく、いいことは絶対にない、ということだ。これにも納得して、そこには応募しなかった。

あれは、本当に正しい選択だったのかもしれない。その後数年してから、私の友人の人類学者がパプアニューギニアに調査に行った。彼はタイやベトナムでも調査をしているので、東南アジアから船でパプアニューギニアに着いた。すると、桟橋《さんばし》に日本人の男性が立っていて、話しかけてきたそうだ。聞けば、私が見た、あの求人広告に応募したところ、応募者がほとんどいなかったこともあり、採用された。しかし、以後、毎日が退屈で退屈で、ニュースを求めてしばしば桟橋に来るのだと言う。この私の友人は、人を楽しませる話を作るのがとても上手なので、これが本当にその通りにあったことなのかどうかは眉唾だ。しかし、ありそうな話ではある。もし本当なら、この日本人研究者も、その後、運に恵まれたことを祈ってやまない。

そういうわけで、私はオクラホマ大学にもパプアニューギニア大学にも応募しなかったが、ほかにいくつかの日本の大学の求人に応募して落ちた。落ちるたびに焦りがつのる。最後はまた、もうオクラホマでもパプアニューギニアでもいいという気持ちになった。そうこうするうちに、専修大学法学部に、科学論の助教授として採用されることになった。一九九〇年のことである。これは、私の人生の大きな転回点となった。

それまで私は、自分の専門の科学者集団である理学部にしか身を置いたことがなかった。それが、学問的にはまったく共通点のない法学部に所属し、科学者になることなどまったくない学生たちに「科学とは何か」を教えることになったのである。二〇〇〇年には早稲田大学の政治経済学部の教授になったが、基本的な状況は同じだった。以来、アメリカのイェール大学で通算一年間教えたときと、再びケンブリッジ大学で一年間を過ごしたときを除き、合計一四年間にわたって理学部以外に所属し、人文・

社会系諸学の人々とつきあい、人文・社会系の学生を教えることになったのであった。

科学とは何かを考える

この一四年間にはいろいろなことがあった。しかし、私にとって一番の大きな収穫は、科学者ではない人々が科学というものをどのように見ているのか、ある意味で、どれほど科学を知らないかということと、科学者全般がいかに社会を知らないか、ということの両方を実感したことだった。

科学を専攻するのではない学生、および社会人一般が、科学という仕事をどのように理解しているのかに注意を払うということは、理学部にいたときには思いつきもしなかった。それで、科学者とそうではない一般人との間に存在する大きなギャップの数々に気付かなかったのだが、それは逆に言えば、私たち科学者自身が、いかに世間とかけ離れているかということでもあったのである。

人間は、自分自身がおかしいということよりも、他者がおかしいということの方が気付きやすいのだろう。自分自身の状態は、自分にとって当たり前であるのだから。私もまずは、「科学者でない人々は、なぜこうも科学を知らず、または科学を誤解しているのだろう、なぜこうも科学を知りたくないと嫌っているのだろう」ということがショックだった。法律やら社会の仕組みやらに自分が疎いことは棚上げにして。

タンザニアで二年半にわたって国際協力の仕事に携わったことは、私の世界観や人間観を変える重大な経験だった。この経験によって私は、南北問題や国際経済問題、文化と人間性の問題などについて、以前よりもずっと深く考察できるようになった。この経験が、その後の私の考えに対する大きな礎を提供したことは確かなのだが、私はやはり、ごりごりの自然科学者であり続けたようだ。それは、アフリカから帰ってからの東大理学部の環境も、博士号取得後のフェローとして過ごしたケンブリッジ大学動物学教室も、純粋に自然科学の環境だったからなのだろう。ケンブリッジでは、温子さんをはじめとして、自然科学以外の学者たちや学生たちともたくさん接したが、彼らはみな、ある一定のレベルで科学への理解を示す、いわば特権階級の知識人たちだった。

日本の非理科系学部に所属して、私は初めて、科学が嫌いだったり、まったく関心を示さなかったり、自分とは関係ないと思って、はなから興味を持たなかったりする人々に出会った。これは、私にとってのカルチャー・ショックであったのだが、この経験こそが、その後の私の科学と社会に関する考察の原点となったのである。

シェイクスピア俳優で、今ではハリウッドに渡って映画などで活躍している英国の俳優に、ケネス・ブラナーという人がいる。私は、一九八九年のケンブリッジ滞在中、ケネス・ブラナーが脚本を書いて監督・主演した『ヘンリー五世』の映画を観た。すぐに彼の大ファンになり、その後もずっと彼の公演その他には注目している。その彼が、若くして自伝“*Beginning*”を出版した。その中で彼は、シェイクスピア俳優になってから初めて、地方の高校に公演に行ったときのことを書いている。それは、演劇に興味がない、または演劇が嫌いな観客を相手に彼が演じた最初の経験だったと言う。専修大学法学部に移ったときの私も、まさにそんな気持ちだった。

そして、私は、彼らに「科学とは何か」という授業をするように期待されていたのである。しかし、振り返ってみれば、科学者である私自身、改めて「科学とは何か」を正面切って教えられたことなどなかった。そう、科学とは本当に何なのだろう？そこで、専修大学法学部に就職が決まった秋から、講義が始まる翌年の四月までの間に、私にとって初めての科学論の講義の準備を夢中で行なった。これが、科学という営みそのものを客観的に見ようとするきっかけであった。

先にも述べたが、駒場の一年生のときの生物の講義で、植物生理学の磯谷先生から、ライヘンバッハの『科学哲学の形成』という本を読むようにと言われた。私はそれをまじめに読んだのだが、知識というものは、やはり、実際の経験と結びつかなければ実を結ぶことがないのだろう。あの本を読んでいたことは重要だったが、専修大学法学部の就職を控えた私がやらねばならなかったのは、具体的な講義の構築である。

以前にも、科学とは何かについて深く考えるきっかけは一つあった。それは、私の専門である進化生物学に付随することだ。進化という概念は歴史性を含むので、本来、科学で扱うことはできないという議論がなされたことがあった。また、自然淘汰は「生き残るものが生き残る」という同義語反復に過ぎないという議論もあった。社会生物学論争もあれば、キリスト教原理主義の創造論との対決などもあり、ともかく進化をめぐっては論争に事欠かない。これらの論争に曲がりなりにも対処できるようにするには、ある程度、科学哲学などを知っておく必要があったのだ。しかし、それを越えて、科学一般を対象に、科学とは何かについて、しかも素人の立場から考えてみようとしたのは、このときが初めてだった。

この最初の講義の準備のためには、ずいぶんたくさん付焼刃で勉強した。そのときの講義ノートは今でも持っているが、未熟で気恥ずかしい反面、自分の考えの軌跡がたどれておもしろい。シモーヌ・ヴェイユの『哲学講義』から、ポパー、ファイヤアーベントの諸著作、トーマス・クーンの『科学革命の構造』、ラカトシュの『方法の擁護』など、まじめに隅から隅まで読んだのは、そのときが初めてだった。

シモーヌ・ヴェイユの『哲学講義』には、哲学や教養を教える理由は、若い人が自分で考えて自分で判断できる一人前の市民を作るのに必須だからだ、と書いてあった。私が日本で受けてきたこれまでの教育では、こんなことは一度も聞いたことがなかった。そして、一九九二年に初めてアメリカのイェール大学に教えに行ったとき、送られてきたイェール大学便覧の最初に、「イェール大学はリベラル・アーツの大学である。リベラル・アーツをなぜ学ぶのかと言えば、自分で考えて自分で判断できる市民を作るためである。リベラル・アーツには、自然科学系、人文社会系、語学系の三分野がある。このそれぞれは、この世界と人間について過去の人類が築き上げてきた知識の体系である。これらを知ることにより、自分自身で考える基礎を得るのである」と書いてあった。

私がイェール大学に教えに行ったころと言えば、日本の大学が教養課程を廃止し、「即戦力」としての人材育成が必要だとさかんに論じられていた時代である。あのころ、「教養とは何か」などと言い出すと、意見が多すぎて収拾がつかなくなるなどということで、本質的な議論はなされなかった。しかし、教養とは何かなど、欧米の大学ではずっと共有されてきた概念だったのだ。

それはさておき、科学哲学の次には科学史である。欧米の科学史のみならず、ジョゼフ・ニーダムの『文明の滴定』、矢島祐利の『アラビア科学史序説』など、中国やイスラムの科学についても学んだ。アラブの文化で、一時期あれほど科学的探求が進んだのに、なぜそれがしぼんでしまったのか、なぜ中国で近代科学が生まれなかったのか、などについて考えた。その後、何年にもわたって、こんな勉強をしながら「科学とは何か」について教えてきたのだが、その結論の一つは、自分はやはり根っからの科学者だ、ということだった。自分はずっと科学者であり続け、それが自分の本性であり、決して、科学史家や科学哲学者にはならない、なれないだろう、ということだった。

普通の若者の生き方を知る

二〇〇〇年の四月に早稲田大学政治経済学部に移った。ここでも、以前と同様、政治経済学部という、科学とは縁のない学部の学生に科学史・科学論などを教えるのが職務だった。しかし、早稲田大学では、単に講義をするだけではなく、優秀な学生諸君のゼミを担当するという機会を持つことができた。それまでに私は、理学部の院生とは交流を続けていたが、理学部所属ではない学生たちと親密につきあったことはなかった。多くの人々がそうであるような、科学者になるのではない普通の若者の生き

早稲田大学の2000年度「地球環境問題の行方ゼミ」の学生とともに

方について、それまでの私はまったく知らなかった。早稲田大学での生活は、私にそのような「常識」を教えてくれた。

その端的な例の一つが、いわゆる「就職活動」である。理学部から大学院に進み、博士号を取得し、片っ端から公募に応募して採用を待つ、採用されるまでの何年間かは、ポスドクとしていろいろな研究室を渡り歩く、というのが科学者の就職の典型的な道だ。普通の学生の就職活動は、これとはまったく違う。三年生の途中からいろいろな会社をめぐり、就職試験を受けて、幸運であれば、四年生の前期ぐらいに決まる。この就職活動のために、三年生から四年生にかけての多くの時間をとられ、授業にも出てこない。ここをうまくこなせなかった学生の中には、「就職活動があったので」という言い訳で、何もせずに単位をねだりにくる者もいる。以前の私は、このような就職のプロセスについてなんの知識もなく、実感も同情も共感もなく、「就職活動のため」という口実は一切受け付けなかった。

しかし、早稲田大学政治経済学部のゼミで、一年間学生たちと親しくつきあい、彼らがやがて就職活動なるものに邁進し、結果に一喜一憂しながら、最後に笑顔で「先生、決まりました！」と報告しにくる、その過程をつぶさに見るようになり、日本での就職の仕組みがわかった。これはおかしい。大学生活の中の半年以上もが、就職関連の用事に使われて勉強ができないのは、これは、日本の社会の仕組みが悪いのであって、学生たちの責任ではないだろう。

こういう環境で、大半の学生がうまく乗り切っていくのだから、世の中はこのシステムで動いている。それをこなせなかった学生には、学生側にもなんらかの問題はあるのだろう。それでも、こんな現実を知ると、「就職活動のために出られなかった」という学生にも、少しはなんらかの配慮をしてあげたくなった。そして何よりも、就職が決まった学生には、心から「おめでとう！」と言ってあげたくなった。

今では、大学改革の嵐の中で、この状況も変えねばならないという認識が広がっている。四月一括採用はおかしいのではないか、ジョブ型雇用をもっと浸透させよう、など、この二〇年ほどでずいぶん変化してきた。今後の日本の大学をめぐる状況がよい方向に変わっていくことを願う次第である。

二〇〇六年の一月、私は早稲田大学を退職し、総合研究大学院大学に移った。そこで、新しい専攻を立ち上げるための準備室長としてよばれたのである。そうして、進化生物学を主体とする専攻を設立し、そこで私の専門の進化学を教え、院生の指導をすることになった。つまり、やっとのことで、自分の専門領域の分野に帰ったのである。

それまでの一四年間は、無駄ではなかったが、専門を離れてずいぶんと遠回りをしたものだ。私の大好きなバンドであるイーグルスは、一九九四年に再結成したときに出したアルバム"*Hell Freezes Over*"で、「私たちは本当に解散したことは一度もない、ただ一五年間のバケーションをとっていただけだ」と述べたが、私も、「科学者であることを辞めたことは一度もない、ただ一四年間のバケーションをとっていただけだ」と言いたいところである。

第十二章　人間の進化と適応を考える

私は長い間、いわゆる教養の講義を担当するだけだったので、自分でラボを持つこともできず、自分の弟子を育てることもできなかった。私自身の研究としては、夫の長谷川寿一が東京大学教養学部の教授として研究室を率いていた、その研究に参加させてもらうことでつないでいた。

では何の研究をするか？　ケンブリッジ大学では大型哺乳類の行動生態学的研究を行なったが、私大の教養を教えている毎日で、それを続けていくことはできない。また、人文社会系の学部に身を置いてきたことや、自分自身が年を重ね、「人間」に関する経験が増えてきたこともあり、本来の自然人類学的な人間に対する興味が増してきた。しかし、なかなか人間の進化と適応の研究に踏み出せなかった。その理由の一つは、人間という複雑な存在を、どのようにして進化の枠組みで研究できるのか、その概要が自分でつかめなかったことにある。しかし、やがて、それを乗り越える機会がやってきた。

四枚カード問題

一九九〇年のこと、人間と動物の子殺しと子育てに関する少人数のシンポジウムがあった。シチリア島のエリチェという小さな村の修道院を拠点として行なわれているシンポジウムで、私と夫が招待された。

シチリア島エリチェのシンポジウムにて(1990年6月). 左端がマーゴ・ウィルソン, 中央が著者, 著者の右がサラ・ハーディ

ここには、ラングールの子殺しが雄の戦略であることを最初に論じたサラ・ハーディも来ていた。サラは「子殺し論争」での長年の同志だったが、直接会ったのはこれが初めてだった。そこには、殺人を行動生態学、進化心理学的に分析した長大な本を出した、カナダのマクマスター大学にいるマーティン・デイリーとマーゴ・ウィルソンも来ていた。

この二人から、人間の行動と進化の研究はとてもおもしろいから、ぜひ独自の研究を始めるようにと勧められた。手始めとして、彼らの殺人の研究データには、東アジアのデータがないので、日本の統計を駆使してデータを分析すれば、殺人の心理の普遍性について、さらに考察が得られるだろうということだった。サラも、霊長類の研究はもうやめていて、人間の子育ての研究をしていた。しかし、ヒトにおける遺伝子と行動の結びつきは格段に複雑で、文化や社会システムや理性のおおいなる関与が明らかな人間の心理と行動について、進化的にと言っても、どのレベルに対してどのようなアプローチをとればよいのか、自分ではあのときには皆目見当がつかなかった。

最初のひらめきは、「四枚カード問題」に関する研究を知ったときにやってきた。これは、カリフォルニア大学サンタバーバラ校の進化心理学者、レダ・コスミデスとジョン・トゥービーによる研究である。「四枚カード問題」とは、昔から知られていた、人間の認知のバイアスを示す問題である。今、「pならばqである」という規則があるとしよう。たとえば、「母音ならば偶数である」という規則であるとする。ここに四枚のカードが並べられており、そこにそれぞれ一個の数字またはアルファベットが書かれている。アルファベットが書かれたカードの裏には何かの数字が書かれており、数字が書かれたカードの裏には何かのアルファベットが書かれている。今、見えているのは、「A」、「K」、「4」、「7」であるとしよう。先の規則、「母音ならば偶数である」が守られているかどうかを確かめるには、最低限、どのカードをめくって裏に書かれている記号を確かめねばならないだろうか？

これは、人間にとってたいへんに難しい問題であるらしく、どの国のどんな集団でテストを行なっても、一割ぐらいの人しか正答しない。答えは、(1)母音である「A」のカードの裏が本当に偶数であることを確かめることと、(2)偶数ではない「7」の裏が母音ではないことを確かめることだ。(1)は、ほとんどの人が正答する。問題は(2)だ。多くの人は、偶数である「4」の裏が母音であるかどうかを確かめようとする。しかし、実際には「4」の裏は何でもよいのだ。規則は「母音ならば偶数である」ということだ。母音の裏は偶数でなければならない。では、子音の裏は？　それは偶数でも奇数でもよい。ということは、偶数の裏は、母音も子音も両方あり得るということだ。しかし、奇数であれば、その裏には子音しかあってはならない。そこで、(2)が必要なのである。

この抽象的な規則による問題はたいへん難しいのであるが、この問題文の規則を少し変えると、正答率は劇的に上昇する。たとえば、「ビールを飲むなら二〇歳以上でなければならない」という規則であったらどうだろう？「ビール」、「コーラ」、「二五歳」、「一八歳」というカードが並べられており、その裏にはそれぞれ、飲んでいる人の年齢またはその人の飲んでいる物の種類が書いてある。この規則が守られているかどうかを確かめるには、どのカードをめくってみる必要があるだろうか？

このような問題になると、人々の正答率は七五パーセント以上になる。誰だって、「ビール」を飲んでいるのが何歳であるのかと、「一八歳」が何を飲んでいるのかを確かめねばならないと、すぐにわかる。しかし、問題文を比べてみれば、この二つの問題の論理構造はまったく同じ、「pならばqである」なのだ。カードに書かれた情報とその並べ方も「p」、「非p」、「q」、「非q」というようにまったく同じである。それでも、最初の問題では正答率が一〇パーセント以下なのに、二番目の問題では七五パーセント以上に上がるのは、なぜなのだろう?

従来、これに関しては、人間はもともと抽象的で論理的な思考は不得手なのだが、具体的で日常的な問題ならばよくわかるのだ、という説明がなされてきた。それに対して、進化心理学者のコスミデスとトゥービーは、異なる仮説を提出した。それは、人間の進化の過程で、互恵的利他行動に関する問題が非常に重要であったので、それに特化した脳内モジュールがあるのではないかという考えである。

互恵的利他行動

互恵的利他行動とは、血縁関係にない動物の個体間で利他行動が進化する道筋として提案されているものだ。あるとき、個体Aがある損失を払って、個体Bに対して恩恵を与える。そのときは個体Aの一方的損失だが、将来、個体Bが同じことをAにしてあげるので、長期的に見れば、両者ともに利益を得る。これが互恵的利他行動だ。この道筋による利他行動が進化するには、いくつかの条件が満たされていなければならない。その一つが、恩恵を得るだけでお返しをしない「抜け駆け」個体を見抜き、そのような個体には利他行動をしてあげないことである。これが成り立たなければ、互恵的利他行動は進化しないことが、これまでの研究から明らかにされてきた。

さて、コスミデスとトゥービーは、現在の人間の社会で互恵的利他行動が普遍的に見られることから、原始人の時代からヒトの進化には、互恵的利他行動が非常に重要な働きをしてきたと仮定した。そうであるならば、人間の脳の働きには、互恵的利他行動の問題に特化したモジュールがあるのではないだろうか。そして、四枚カード問題に見られる認知のバイアスは、期せずしてそれを表しているのではないか、と考えたのである。

「母音ならば偶数である」というのは、本当に抽象的だ。進化の過程で、人類がこんな問題の解決に直面することなどあり得ない。しかし、「ビールを飲むなら二〇歳以上でなければならない」というのは、社会的に守るべき規則である。規則が守られてこそ社会が円滑に成り立つ。規則とは、たいてい、社会全体のために個人の無制限な欲望を制限するものだ。そこで、お互いに規則を守ることは、互恵的利他行動であると考えられる。そうであるならば、「規則を守っていないのは誰か」を検出するのは、人類の進化史でつねにたいへん重要な課題であったに違いなく、人間の認知過程が、このことの検出に特化して鋭く働くとしても不思議はないだろう。ビールの問題は、まさにそのような規則の遵守をチェックする構造になっているのである。

そこで彼らは、とくに馴染はないが、このような「社会的な約束事」を想定した問題と、そうではない問題とをたくさん用意し、多くの人々に「pならばqである」が守られているかどうかを確かめてください、という形のテストを行なった。その結果、彼らは、社会的な約束事の体裁である限り、馴染があってもなくても、人々の正答率は非常に高いが、そうでなければ、たとえば、「ニューヨークでは地下鉄に乗る」、「黒い雲が出れば雨が降る」などの日常的な文章でも、正答率は低いことを発見したのである。

人間性の進化研究とは？

この研究について知ったとき、一つのブレークスルーがあった。人間の心理や行動の進化的分析とは、どのレベルから考え始めるべきなのかがわかったのである。個々の人間が行なう一つ一つの行動は、それは、個人によっても社会や文化によっても千差万別である。それらの一つ一つの行動を支配する遺伝子などあるはずはない。しかし、個人が置かれているさまざまな状況の中で、その人が実際にとる行動がなんであるにせよ、その裏には、脳の情報処理のレベルで、さまざまな問題解決の場面に応じての「意思決定アルゴリズム」とでも言うべきものがあるはずだ。その意思決定アルゴリズムこそが、人間の適応進化の産物ではないのだろうか？　そんなアルゴリズムを生み出す仕組みは、それ自体が複雑で多くの遺伝子によって支配されているに違いない。しかし、人間の進化史の中でつねに意思決定が必要で、その帰結が適応上とても重要だった問題に対しては、それに特化したアルゴリズムを生み出す仕組みが進化しているに違いない。

四枚カード問題に関しては、その後の研究が格段に進んだ。オリジナルのコスミデスとトゥービーの仮説はくつがえされたわけではないが、より洗練された研究が行なわれるようになった。それでも、この研究を知ったことで、人間性の進化に関してどのようなアプローチが可能なのか、私はその手がかりをつかんだのである。

たとえば、人間は数学という抽象的な学問体系を持っているが、このような高度なかたちの最終産物である「数学」の能力がなぜ生じたのか、という問いを立てるのは間違いだ。微分積分が理解できるかどうかなどが、人類進化史で重要な適応課題であったことなど、かつてなかったからだ。微分積分は、明らかに理性による論理の産物だ。しかし、そもそも数の理解や物理的世界の理解のもとは、何なのだろう？　一旦始めてしまえば最後には微分積分にまで到達するような、数学的能力のおおもとになっているものは、何なのか。数や物理的世界をどのように把握するのが適応的だったのか、そう考えていけば、「数学的能力の進化的基盤」についても考察することができるだろう。

そのころ、脳神経科学者であるアントニオ・R・ダマシオが書いた『デカルトの誤り』という本を読んだ。これは、理性と感情、心とからだを峻別するのがいかに誤りであるのか、私たちが理性的な決断と信じているものの背後に、無意識の感情系がいかに大きな作用を及ぼしているのかを説明した好著である。

この中でダマシオは、脳の前頭葉の一部が損傷した患者の例を挙げている。いろいろな認知的な問題を考える前頭葉の部分と、もっと脳の後ろの方にある感情系の部分とを接続している部位に問題がある人たちだ。この人たちは、言語、計算、記憶、論理推論などの能力には少しも問題がないのだが、実生活を普通に営むことが困難である。たとえば、仕事の予定を聞かされ、内容を理解し、実際に仕事を始めるのだが、それを完結させることができない。なぜか？　仕事を終わらせるには、いろいろな瑣末な事柄の間に優先順位をつけねばならないが、それがわからないからだ。そして、最終的に仕事を終わらせねばならないという決心がないからだ。なぜか？　何が大事か大事でないかを決めたり、仕事の達成に向けて努力させたりするのは、論理ではなく感情だからなのだ。

つまり、人間が日々の暮らしで刻々と直面するはずのさまざまな「意思決定」は、論理的思考だけではなく、感情系と密接にかかわっている。この感情系の働きこそが、人間の長い進化史の中で形成された適応的アルゴリズムではないのだろうか？　もちろん人間には前頭葉を駆使した論理的な思考がある。それによって、自己の短期的な利益と長期的な利益とのバランスを考えたり、全体の利益との調整を図ったりすることができる。しかし、その調整は万能ではない。

マーティン・デイリーとマーゴ・ウィルソンは、このような前提のもとに、さまざまな人間集団における殺人の研究をしてきたのだ。殺人とは、個人どうしの葛藤の現れの一つであり、殺人を広く統計的に分析すれば、人間一般が、どのようなときに対人葛藤を強く感じ、殺人に及ぶのかの傾向が浮かび上がってくるはずだ。今や古典とみなされている彼らの名著"*Homicide*"（邦題『人が人を殺すとき』）を翻訳し、彼らの研究の意味がやっとわかった私は、自分でも日本の殺人の研究を始めた。その結果は、やっと二〇〇四年に論文になって発表された。本当に長い道のりである。

新しい総合人間科学をめざして

私が早稲田大学の政治経済学部で教えた経験から得たことはたくさんあるが、その一つは、人文社会系の諸学者が人間や社会や文明について考察していることにより興味を持ち、自らの人間研究と結びつけるようになったことだ。

政治経済学部の学生は、当然ながら、人文社会系の書物を話題にする。その一つが、『文明の衝突』であった。これは、ハーヴァード大学の国際政治学教授であるサミュエル・ハンチントンが、9・11の同時多発テロ事件よりもずっと前に書いたものだが、東西冷戦の終結後、世界は平和になるどころか、さまざまな文明間の違いが鮮明になり、国際的な紛争がさらに複雑になるということを述べていた。これは当時話題になっていた本だし、私もタイトルぐらいは知っていたが、これを読もうという気はなかった。しかし、ゼミの学生たちが本書について議論しあっているのを聞いているうちに、私も読んでみたくなった。

読んでみた結果、ハンチントンの本書の議論には私は賛同しなかった。なるべく厳密な定義と理論をもとに、理論の検証性のある実証的なデータを出して議論するという、自然科学の常道の観点からすると、ハンチントンの議論は、単に自説の展開だけであるかのように見えて不満足だった。

しかし、『文明の衝突』を読んだことから、文化・文明が人間にとって持つ意味の重要性がより強く認識され、文化システムを進化生物学的に研究する興味が深まった。文化とはなんだろうか？　文化は生物学的な人間性とどのような関係にあり、文化はどのようにして生み出され、どのようにして人間を変えるのだろうか？　先に考察した人間の適応的意思決定アルゴリズムと文化は、どのような関係にあるのだろうか？

文化人類学という学問は、人間の文化の多様性について研究してきた。この分野と、私の出身である自然人類学とは、もともとは同じく人間を研究する学問だったが、最近ではずいぶんと分かれてしまっている。しかし、文化人類学ももっと生物的な人間の側面について真剣に考えるべきだし、自然人類学や人間行動生態学も、もっと文化の持つ意味とその構造について知るべきだと思う。そこをつなぐのは、脳科学と発達科学なのではないか。

そんなこんなを考えてきたあげく、一九九九年に、夫とともに人間行動進化学研究会を設立した。自然人類学、動物行動学、行動生態学、などの理系の研究者から、心理学、社会心理学、社会学、歴史学、経済学、言語学、法学など、人文社会系の研究者、また進化に興味のある医学者なども集め、みんなで広く人間について考える場を作った。二〇〇八年からは「日本人間行動進化学会」となって活動を続けている。

人間を科学的、進化的に研究するには、研究者の側にかなりの度量が要求されると思う。人間について自分自身が深く知らないようでは、取り上げた側面だけの浅い研究に終わってしまうだろう。人間について深く知るには、自分自身の経験だけでは足りない。文学や芸術も、他の分野の人間の知的活動も、いろいろなところに貪欲に目を向けねばならないのだ。その意味で、自分の心の中に専門の壁を作ってしまうのは、とてもよくないことだ。それは、人間の研究に限らず、どんな場面でもそうなのだろう。狭い領域の中で深く探求することはもちろん大事なのだが、それが、心の中の壁になってしまうと、実りが少なくなるのである。

動物の行動と生態、進化の研究が、結局のところ最終的に私を導いてきたところは、「人間とは何か」ということであった。今では、まったく新しい総合人間科学というものを目指そうなどと大きなことを考えている。死ぬまでかかってもおそらく達成できないのだろうが、それほど大きな課題を前にして、解くべきパズルはまだまだあるぞと、とても楽しみである。

第十三章　動物の世界から性差を考える

女性研究者だけのシンポジウム

これまでの人生を振り返ると、私が女性であることによってこうむった不利益は相当なものであると思える。私は、あえてそのようなことについて声を大きくして言ってはこなかった。一九七〇年代のウーマン・リブ運動も、それ以後のフェミニズムの議論も、理解できるし賛同もするのだが、自分自身の中で、なかなか決定的な態度に落ち着くことができないでいる。それは、生物学的な性差と、社会的に作られるジェンダーとの関係を、本当に納得のいく形で自分の中に定式化できていないからなのだ。

一九九〇年の七月、カリフォルニア大学サンタクルース校で開かれた一つのシンポジウムに招待された。それは、同校のエイドリアン・ジールマンという自然人類学の女性教授が主催した、女性研究者だけによるシンポジウムだった。自然人類学、文化人類学、行動生態学、進化生物学の女性研究者たちだけの集まりで、三日間の会期中、男性に会うことは禁止されるという、一風変わったシンポジウムだった。

自然人類学や行動生態学という学問に身を置き、雄と雌という二つの性がどうしてできたのか、この二性がどのように異なるふるまいをするように進化したのか、ということを熟知している学者として、人間社会のジェンダー問題をどう考えるか、というのが、このシンポジウムのテーマである。みな、一応は研究者の世界で成功してきたものの、誰もが、自分の国の社会における性差別に苦労してきた。この状況はなんとか変えたいと思う。

しかし、進化生物学を知っていれば、「ジェンダーは社会的構築にすぎない、だから変えられる」とするフェミニストたちの主張をそのまま受け入れるわけにはいかないだろう。また、西欧社会とはいろいろな点で異なる社会を研究している文化人類学者は、西欧の性差別的文化だけがヒトの文化ではないことを熟知している。さて、私たちはどう考えるか？　三日間、多岐にわたる問題を議論し、その結果、一冊の論文集も出したのであるが、これという結論はでなかった。まだまだみんな、悩み中で終わった。

一九九〇年当時、私はといえば、そんな課題を突きつけられてうろたえるばかりであった。それまで、自分の研究の内容と、ヒトにおける性差と性差別の問題とを、まじめに結びつけて考察したことがなかったのだ。あえて、そうすることを避けてきたという面もある。一つには、研究でわかったいろいろな動物たちの行動を、そのまま無節操にヒトに当てはめて、あれこれとおもしろい話にする、マスコミによくある態度が嫌だったからだ。

たとえば、ニホンザルの雄たちの間には順位があって、第一位の雄がいる、そして、すべての雄は雌たちよりも順位が高い、という観察から、人間社会にも順位があって、男性は女性よりも順位が上だ、ということの説明とする。また、雌ザルが、死んだ赤ん坊をミイラになるまで抱き続けていることがあるという観察から、母親はこうでなくっちゃ、というように語る。こんな非科学的な態度は間違いだし、そんな風潮に加担したくなかった。

私は、いろいろな生物を研究してきたが、進化生物学の基本理論は真ん中にあるとしても、個々の生物種が置かれている生態学的、社会的環境が異なれば、実際の個体の行動も異なることをよく知っている。物理法則は正しいものの、地球上での個々の物体の動きは、空気の抵抗や物体の形状などでそれぞれ変わる。だから、個別の条件についてよく調べなければ、飛行機もロケットも飛ばせない。それと同じで、進化の理論は正しいとしても、個々の動物が何をするのかは、それぞれの動物種に固有の条件によって左右される。そして、ヒトという動物について、私自身、それほどよく知っている気がしなかった。だから、ヒトの話はしたくなかったのだ。

あれから三十年。ニホンザル、チンパンジー、ダマジカ、ヒツジ、クジャクなど、いろいろな動物の行動生態を研究してきたが、私の一貫したテーマは、雄と雌の繁殖戦略の違いである。四五歳を過ぎたころから、そろそろヒトという生物に関する経験も増え、ヒトに対する興味が出てきた。ヒトの考察に入る自信が出てきたということだろうか。文化的にも歴史的にも異なるヒトの社会がどんな様相であるのかについても、それなりに知識も増えてきた。第十二章で述べた、一九九〇年開催のもう一つの小さなシンポジウムで、ヒトの研究をするように誘われたこともあり、ヒトの性差と性差別についても、少しずつ考察を始めた。

今思えば、一九九〇年七月のサンタクルースでのシンポジウムで議論するべきだったのは、生物学的な性差と、文化が作り出すジェンダー概念との関係をていねいに解きほぐし、ある文化が持っている社会構造のもとでは、なぜそのようなジェンダー概念が作り出され、維持されているのか、を考えることだったのだ。しかし、一九九〇年では、まだ誰もそのように問題設定することはできなかったということだろう。

LGBTの存在はさておき、世の中の多くの人々は、雄と雌に分かれ、その性差を日々の生活で感じているということから出発しよう。その性差が、生物学的なものなのか、社会が作り出すものなのか、というのが、大きな論点である。進化生物学者としては、三十八億年の生命進化史、その中での有性生殖の進化の二十数億年史を見れば、雄と雌の違いは無視できない。人間という種に限ったことではないのは明白だ。雌雄の違いは、生物の存在の中で非常に重要である。その基本的な理解の上に、人間の文化がどのようなジェンダー概念を築いてきたかを見る必要があるだろう。

ジェンダー論者の多くは、ジェンダー概念は、ヒトという種に固有の社会的構築概念であるかのように論じる。それはその通りだが、だからといって、簡単に変えられるものだろうか？　有性生殖する生物には必ずやなんらかの性差があり、それは、何百万年、何千万年にもわたる進化で形成されたものだ。ヒトも有性生殖する動物であり、雌が妊娠・出産・授乳する哺乳類なので、そのことから生じる性差は必ずある。それは、私たちが考えを変えるようなことだけで、とてもすぐに消せるものではない。

では、いろいろな古今東西のヒトの社会が文化的に持っているジェンダー概念は、どのようにして作られてきたのだろう？　ジェンダー概念の形成は、生物学的性差と関連はしているだろうが、必然的に直結しているものでもないだろう。ヒトでは、男性どうし、女性どうし、そして男性と女性が複雑な協力と競争の関係を持ちながら社会を築き、文化システムを持って、その中で生活してきた。ジェンダー概念は、この文化システムのすみずみにまで浸透している。つまり、文化のあり方全体と関係しているので、伝統的な服装や料理といった、単発の文化要素が比較的短時間で変化するようには、変われないと思うのである。

性差の起源と進化、そして雌雄の対立

まずは、生物に性差が生じる起源とその進化について、少しまとめておきたい。

有性生殖する生物における雄と雌の違いの根源は、配偶子が精子と卵に分化したことにある。精子も卵も、次世代に寄与する遺伝子の量としては同じなのだが、精子は何の栄養も持っていない。が、卵は、次世代が育つための栄養を持っている。だから、卵は大きい。この違いは、次世代に対するエネルギー投資の違いであり、そのことが、精子と卵の生産量に影響する。エネルギー投資の少ない精子は大量に生産できるが、エネルギー投資の大きい卵は、それほど大量には生産できない。しかし、受精のためには精子も卵も一つずつしか必要ないので、精子は大量に余ることになる。そこで、安価で大量に生産できる精子を持つ雄という個体と、栄養をたくさん投資して少ない数しか作れない卵を生産する個体とでは、繁殖をめぐる競争の様相が異なるのである。そこで、両者にとって適応的な戦略も異なることになる。

そこで、数の上で余っている精子の生産者である雄は、配偶相手の獲得をめぐって、雄どうしで競争することになる。雌は、逆に、卵は希少な資源であるのだから、卵ど

うしの間の競争はなく、自分めがけて押し寄せてくる精子の中から、どの精子を受精に使うか、選ぶことができる。ここに、両性の戦略の根本的違いが生じるのだ。しかし、両性が実際にどのような戦略をとるかは、その動物が持っている社会の構造による。

一般的に動物界では、雄どうしが配偶相手の雌の獲得をめぐって競争することに最初に気づいたのは、ダーウィンだった。彼は、一八五九年に『種の起源』を著し、生物がどのようにして進化するかのメカニズムとして自然淘汰の理論を提出した。しかし、周囲の環境によりよく適応する変異を持った個体が、そうではない個体に比べてより多くの子を残すことで、世代を超えて、集団全体が適応的になることを示す、この理論では、同じ種に属している雄と雌との間にある違い、つまり性差については説明ができない。同種なのだから、雄も雌も同じ環境に暮らしている。それならば、雄と雌は、もっと同じになるはずではないか？　それなのに、クジャクの雄の派手な羽に代表されるように、多くの種の雄と雌はずいぶんと違う。ダーウィンは、長らくそのことに悩んでいたが、ついに、答えを見つけた。それが、第八章で述べた、性淘汰の理論である。

私がケンブリッジに行った一九八七年には、雄どうしの競争と雌による選り好みについては議論が確立していたが、雄と雌の間に繁殖をめぐる利害の不一致がある、という点については、まだそれほど重要視されていなかったように思う。しかし、確かに、雄にとって適応的な戦略と雌にとって適応的な戦略との間に対立が生じることもあるのだ。このことが大きく取り上げられるようになるのは、二〇〇〇年代からだろうか。

たとえば、配偶相手の獲得をめぐる雄どうしの競争が強いと、その競争に有利になるよう雄のからだが大きくなる。そして、雌よりも大きくて力が強くなる。そこで、雄どうしの競争に勝った大きな雄が、他の雄たちを排除して雌を取りに来る。これが雄の戦略だ。一方の雌は、雄の獲得をめぐる雌どうしの競争は少ないので、どの雄が良いか、自分で選べるはずだ。雌の選り好みの基準にはいろいろなものがあり、必ずしも闘争に勝った大きくて強い雄と配偶したいと欲するとは限らない。それが雌の戦略だ。しかし、雄の方がからだが大きくて強いので、雌の選択を阻止し、自分のもとにとどまるようにさせることができてしまう。

アザラシの仲間などでは、戦いに勝った大きな雄が、全部で八〇頭もの雌たちを囲い込むことができる。が、雌たちが全員、この雄を好むとは限らない。この雄との戦いでは負けた雄が群れの近くにいると、そちらに行こうとする雌もいる。それを阻止するために、大きな雄は絶えず雌たちの周囲を動きまわり、嚙み付くなどして、雌がそちらへ行かないようにしている。これは、配偶者防衛と呼ばれる行動の一つである。

配偶者防衛とは、雄が、自分の配偶相手として選んだ雌が、他の雄のところへ行かないように、雌の行動を制限することを指す。トンボの雄が、雌の首根っこに嚙みついて一緒に飛んでいく、タンデム飛行という行動もそれだ。実際に首に嚙みついていなくても、雌が産卵するまで、ずっと一緒に飛び続ける種もある。鳥類の九五パーセントは一夫一妻のペアを作って配偶するが、中には、繁殖可能な期間中はずっと、雌がどこに行こうと、ペアの雄がその五〇センチほど後ろにくっついて飛んでいくような種もある。雌からすれば、ずいぶんうっとうしいことだと推察するが。

「群淘汰との闘い」の章で紹介した、雄による子殺しも、雄の戦略と雌の戦略の対立の例である。雄にとっては、雌が他の雄との配偶で作った子どもは、自分の子どもではない。そんなよその子に授乳するために、配偶相手の雌が発情しないのであれば、その子を殺して、雌の発情を再開させ、自分の子を作るのが雄の戦略だ。しかし、雌にとっては、どの雄が父親であろうと、子どもは自分の子であることに変わりはない。その子を殺されてしまうのは、明らかに自分の繁殖上の利益の損失である。

もう三十年ほど前、ちょうどカリフォルニア大学での女性限定シンポジウムの直後ぐらいだった。ヒトの性差と性差別について、問題意識は出てきたものの、まだ考えあぐねていたとき、慶應義塾大学湘南藤沢キャンパスで、こんな動物の性淘汰の話をあれこれとしたことがある。そのとき、講義に私を招待してくれた教授が、「ここには、DVもセクハラもストーカーも全部ありますね」とコメントした。

そのとき、初めてはっと気づいたのである。DVやセクハラやストーカーというのは、性淘汰の理論で言うところの性的対立が、ある種の人間の社会に現れた現象なのだ。人間の社会だからといって、すべての社会でそのような現象があるわけではない。しかし、ヒトも哺乳類なので、雄の繁殖戦略と雌の繁殖戦略には違いがあり、両者の間に対立が起きることは大いにあり得るだろう。どのような社会的条件があると、どのように性的対立が現れるのか、それを分析すればよいのではないか、そこに気づかされ、動物から人間への橋渡しを考える大きなきっかけをもらったことが、そのときの講義で最大の収穫であった。

ニホンザルの社会

私はいろいろな動物の行動を研究してきたが、その中で、ヒトと同じ霊長類に属するニホンザルとチンパンジーについて見てみよう。

ニホンザルは、雌の血縁集団が核となって社会的まとまりが作られており、そこに、外からやってきたおとなの雄が数頭加わって群れを作っている。群れにいるおとなの雄たちは、いろいろなところからの寄せ集めなので、雄どうしの間に血縁関係はない。

彼らの間には社会的順位があり、五頭いれば、第一位から第五位までの序列がある。第一位の雄は、かつては、学問的議論の中でさえ「ボス」と呼ばれていた。彼らの社会構造が明らかにされるようになったのは一九六〇年代だが、当時は、ボスが群れの全員を率いているかのように解釈されていた。生物学は科学であり、科学は人間の価値観とは無関係なはずなのだが、行動の解析などには、ずいぶんとその当時の価値観が影響するのである。

しかし、実際のところ、第一位の雄は「ボス」などではない。雄は、成長すると自分の生まれた群れを離れ、どこか別の群れに入る。そのとき、その群れに入れるかどうかは、雌たちが受け入れてくれるかどうかにかかっている。また、その群れにずっといられるかどうかにも、雌からの支持が重要だ。事実、群れに入って数年経つと、たいていの雄は、群れの雌の誰も交尾してくれなくなるので、群れを去ることになる。

雌たちは、母親と娘、姉妹たちで作られた家系集団を持ち、その中で緊密な関係を結んでいる。この家系集団どうしの間には順位があり、順位の高い家系の雌たちは、順位の低い家系の雌たちに対して攻撃的に振る舞い、彼女らをいじめることもある。家系集団間での競争が強くなり過ぎると、いくつかの家系が集まって分裂し、新しい群れを作る。このように、ニホンザルの群れは、究極的に雌たちの都合で動いている。

ニホンザルの親子(撮影：長谷川寿一)

すべてのおとなの雄は、一対一で対峙すると、雌たち全員よりも順位が高い。順位が高いから何が有利なのかというと、食物の点では明らかな差異はない。なぜなら、ニホンザルは全員、個体が自分で自然の実りをもいで口に運ぶ生活だからだ。ニホンザルの食べ物は、植物の葉、果実、花、茎であり、ときどきこれに昆虫が加わる。これらは一カ所にたくさん分布しているので、群れの全員が一カ所にとどまって、それぞれむしゃむしゃと食べることができる。社会的順位が高いからといって、食物を独占することもできないし、他者の行動をむやみに制限することもない。

観光のために餌付けをした集団では、小麦や大豆などの希少な食料資源が、人間によって配られる。こうなると、社会的順位が高い個体は、低い個体を排除して自分の好きなようにできる。みんなが希少な資源に向かって突進すると、順位の高い個体が他者を威嚇して資源を独り占めするところが見られる。そこで、順位が高いことが重要に思われるようになるのだが、野生状態では、そんな状況はあまりない。

では、繁殖に関してはどうだろう？　繁殖は、生物にとってもっとも重要な仕事だ。ニホンザルには発情期があり、秋から冬にかけて、群れの雌たちが一斉に発情する。そのとき、誰と交尾するかの主導権は雌にあるようだ。どんな雄が好きかは、雌個体によって異なる。私はかつて、ニホンザルの雌の好みを物理学のクォークになぞらえて、トップ、アップ、ストレンジと呼んだことがある。トップとは、第一位の雄だ。確かに、第一位の雄を好む雌は多い。アップとは、現在、社会的地位上昇中の若い雄だ。これも人気は高い。

そして、ストレンジは、群れの外にいて、発情期になると群れに近づいてくる、よそものの雄だ。雄は、成熟すると必ず、自分が生まれた群れを出て、普段は単独で暮らしている。そのような雄を「ひとりザル」と呼ぶ。しかし、彼らは、発情期になると、雌を求めて群れに近づいてくる。そんな雄に惹かれる雌は、結構たくさんいるのだ。それに対して、群れにいる雄は、非常な対抗心を燃やし、なんとか排除しようとする。とくに群れの第一位の雄は、ひとりザルと喧嘩しにいくのだが、ときどき、無残に負けて、顔に傷を作ったりして帰ってくる。

ひとりザルは、そうして雌に気に入られると、かなりの数の交尾をすることができる。そして、交尾期が過ぎてもそこにとどまり、やがてその群れに入ってしまうこともある。そうではなくて、また去っていくものもいる。雄の生涯には、群れに入るか、ひとりザルで過ごすかの選択肢があるようだ。

結局のところ、第一位の雄は、それ以下の順位の雄よりも多く子どもを残すのだろうか？　のちに生まれた赤ん坊のDNAを調べることによって、いくつかの研究でそのことが明らかにされてきた。確かに、第一位の雄は、それ以下の順位の雄よりも繁殖成功度が高いことが多い。雄が順位をめぐって争う進化的意味は、やはりここにあるのだろう。それにしても、ニホンザルの社会というのは、雌が集合して作っている群れなのだ。一対一では雄の方が社会的順位が高いとはいえ、雌どうしの結束によって、かなり雄の行動をコントロールしている社会なのである。

チンパンジーの社会

チンパンジーは、ニホンザルとは真逆で、血縁関係にある雄どうしが核となって集団を作っている。そこに、おとなの雌がよそから入ってくる。そして、チンパンジーの主要食物である果実は、一カ所に大量になっていることはまれだ。ニホンザルのように、大勢の雌がみんなでまとまって一カ所で食べられるほどには存在しない。そこで、雌たちは、食物の分布にしたがって離合集散する。食料が大量にあるときには、みんなが集まれるが、食料が少ないときには、個々に分散する。雌はみな、どこかよそから入ってきた個体であり、雌どうしの間にそれほど強い結束はない。

では、雌どうしの間に社会的順位があるかと言えば、どうもはっきりしない。食物が少なくて個々の雌が分散するとき、それぞれの雌は、自分の拠点と呼べるような場所を持っている。そのとき、そこに別の雌が近づいてくると、「地元」の雌の方が地位が高い。が、それ以外では、順位はそれほどはっきりとは現れない。また、特定の雌どうしが「友達」とでも呼べるような親密な関係を持つことがある。そういう雌どうしは、食物が少ないときにも、一緒に行動する。

一方、雄はみな、その群れで生まれた個体であり、なんらかの血縁関係にある。一つの群れにいるおとなの雄の数はたいてい一〇頭以下であり、彼らは食料の少ない時期でも、比較的一緒に動いている。彼らの間にも社会的順位があり、その順位は、個別の肉体的闘争における強さと、雄どうしの支え合いのあり方によって決まる。

つまり、第一位の雄がなぜその地位にいられるかというと、自分自身が個別の雄どうしの闘争に勝ったということもあるにはあるが、たとえば、第三位と第四位の雄が一緒になって自分を支えてくれるという連合の下支えの力が大きい。だから、たとえば、第二位の雄と第四位の雄が連合して、第一位の雄を追い落とすということもある。そのような対立と闘争は、いくつもの群れで観察されており、その結果は、たいていは第一位の雄の殺害に終わる。

チンパンジーの親子(撮影：長谷川寿一)

チンパンジーの繁殖はどうなっているかと言えば、これはきわめつきの乱婚だ。チンパンジーには、ニホンザルのような季節的な発情期はないが、個々の雌が自分のサイクルにしたがって発情する。発情するとお尻が真ん丸くふくれ、発情していることを周囲に宣伝する。そんな雌に惹かれて雄たちが集まって来るが、発情した雌は、ほとんど誰とでも交尾し、次々と相手を変える。第一位の雄だからと言って、発情雌を独占することはできない。そして、ここでも第一位の雄がとくに多くの子を残すという確たる証拠はない。

先にも述べたように、チンパンジーの雄は、新たに群れに入ってきた雌が赤ん坊を連れていると、その子を殺す。ラングールと同じく、雌は抵抗するが、雄の攻撃は執拗で、結局は殺されてしまう。チンパンジーの社会は、雄どうしの連合が作っている社会であり、食料の分布と量の状態から、雌どうしの結束は不可能なので、雌が力を持てない社会である。

チンパンジーの雄にとって、群れ内部での地位をめぐる闘争はあるものの、群れの雄たちが一致団結することは大変に重要だ。それは、隣接する別の群れどうしの間に、食料と雌をめぐる強い競争があるからだ。ある群れに属する雄たちが結束して隣の群れのなわばりに侵入し、そこの雄たちを一頭ずつ殺してしまった例が複数知られている。勝った群れはなわばりを広げるとともに、雌もそちらに移住してしまった。私たちが観察していた群れでも、そのようなことが起こったと推測されることが観察された。

チンパンジーの雄にとって一番大事なのは、雄どうしの連合を維持して、隣接する別の群れの雄連合に対抗することなのだ。その点では、仲間の雄の数が多いほど有利になる。同じ群れの中での社会的地位の重要性は、その次なのではないかと思う。そして、一つの群れにいる雄の数が多いと、その中に「派閥」ができ、その派閥どうしが闘争するのである。

こうして見てくると、どんな食料を食べているか、その食料の分布はどうなっているか、ということが、その動物の社会構造を決める非常に大きな要因であることがわかる。

もう一つ重要なのは、子育てだ。ニホンザルもチンパンジーも、子育ては雌だけがする。つまり、母親だけで子どもを育てあげることが可能なのだ。しかし、動物界には、そんなことでは子どもが育たない動物もいる。

両親がそろって子育てしなければ子が育たない動物の代表は、鳥類だろう。そして、両親だけでも育てられない動物もいる。両親、上の兄弟姉妹、その他の血縁者、さらに非血縁者も含めて、みんなで子育てしなければ子が育たない動物も、少ないながら存在する。これは共同繁殖と呼ばれる繁殖形態だが、ヒトはまさに共同繁殖の動物なのである。

共同繁殖は、鳥の一部や、哺乳類の食肉目のいくつかで見られる。しかし、一つ一つの種類ごとに、その内容は異なるので、それらの詳細を取り上げるよりは、ヒトがどのように共同繁殖であるのかを検討することにしたい。そして、動物の社会と行動の研究からわかってきたことをもとにして、次章では、ヒトの性差とジェンダーについて、私なりに考えてみようと思う。

第十四章　ヒトにおけるセックスとジェンダー

ヒトという生物

前章では、私たちが研究してきた野生のニホンザルとチンパンジーを例に、雄と雌の関係についてまとめた。同じ霊長類でも、かなり様相が異なることがおわかりいただけただろう。私たちヒトにもっとも近縁なのはチンパンジーだ。では、ヒトもチンパンジーの持つ性質を受け継いでいるのだろうか？

出生地からの分散は、雄と雌の社会的関係に大きな影響を与える。生まれたところにとどまる方の性は、血縁でまとまれる。しかし、みんながばらばらにどこかよそから移住してきた方の性は、血縁もなく、なかなか結束することができない。ヒトという動物の出生地からの分散パターンは、女性が動くことの方が多いようだ。

古今東西のヒトのさまざまな集団の婚姻と居住の関係を見ると、女性が自分の生まれた集団を離れて他の集団に嫁ぐという方が、その逆よりも多い。また、母方からのみ遺伝するミトコンドリアの遺伝的変異を調べた研究によると、やはり、女性が他の集団に拡散していくパターンが見られる。出生地からの分散で見ると、確かにヒトはチンパンジーと似ていて、ニホンザル的ではないと言える。

では、生まれたところにとどまる傾向の強い男性どうしの関係はどうだろう？　チンパンジーの雄どうしには、連合関係がある。群れの雄たちは連合を組み、異なる群れの雄連合どうしが競争する。しかし、一つの群れの連合の内部にもさまざまな「派閥」間の競争関係があり、競争の状態によって派閥の組み換えが起こる。雄Aと雄Bは、長らく仲良し関係にあったが、最近はAがBを見放してCと仲良しになった、というようなことがときどき起こる。

ヒトでも、このような雄どうしの連合関係は、社会において重要な働きをしているようだ。近代以前の小規模伝統社会では、その中心は血縁関係にある男性どうしだったが、現代の社会では、血縁関係はあまり重要ではないと思われる。それでも、男性どうしの連合は、現代社会を動かすダイナミクスに大きな影響を与える力である。血縁を超えて、男性どうしの連合関係がどのように作られ、維持されていくのか、ジェンダー問題を考える上で鍵になる問題の一つだと思うのだが、私はまだ十分に理解していない。

では、ヒトの配偶行動はどうか。ここからが難しい。まず、ヒトにはこれとわかる発情期がない。そして、一夫一妻か一夫多妻かなどの婚姻形態にかかわらず、また、それが一生続くものかどうかは別として、特定の男性と女性の間に強いペア・ボンドが存在する。こんな動物はほかにない。

さらに、ヒトの子育ては、母親だけでできるものではなく、両親だけでできるものですらない。ヒトの子どもは脳が大きく、成長速度が遅く、おとなになるまでに習得するべき事柄が非常に多いので、そんなおとなを育て上げるには、両親も親戚も、非血縁者たちも、みんなで協力せねばできないのだ。こんな霊長類はほかにない。

女性も外で働くようになると、子育てがしにくくなって大変だ、だから、保育所が必要だという議論があるが、本当は、そうではない。現代の、とくに都市部の社会では、核家族が当然の形態になってしまったが、ヒトという生物は、そもそもまわりの親族など多くの人間が一緒になってみんなで子育てをしなければ子どもが育たない、共同繁殖の動物なのである。そこを忘れて、現代の核家族が当然の姿であり、母親が働くために、お金を払って保育所にいれる必要がでてきた、という流れで、政治家が保育の問題を考えるのは誤りなのだ。そもそも、ヒトという生物の進化史の最初から、母親だってみんな働きながらみんなで子育てしてきたのだから。

熱帯の森林で果実を食べていた類人猿の仲間を祖先に持ちながら、サバンナに出て行ったヒトの進化環境は、他の霊長類と比べて格段に複雑で困難な状況だった。そこで、通り一遍の反応をしているだけでは生存できなかったろう。おとなが生きていくためには、多くの知識と臨機応変の創造的工夫が必要である。そして、個人の努力だけではなく、多くの人たちとの協力が必須である。それには、社会関係の調整が必要だ。そんなことが可能になるよう、とてつもなく大きな脳が進化した。そして、そんな大きな脳を持つ子どもを育てるには、長い時間がかかるし、必要なすべての知識を、親だけが伝授することはできない。というわけで、とても親だけでは育てられない事態が生じた。

まずは、特定の雄と雌のペア・ボンドが必須となり、母親と父親というカップルができる。そこで、長い年月にわたって自分たちの子どもを協力して育てていくためには、発情期というやっかいなものは捨てざるをえなかったのではないか。繁殖可能な時期とそうでない時期を通じてペア・ボンドを維持するには、発情期の消失、または隠ぺいが必須だったのではないか、と私は考えている。

そして、おとなどうしが協力しなければ生存できない状況である。ヒトは、集団を作ってみんなで協力して生き延びてきた。その中に、繁殖の単位としては、一人の男性と一人の女性のペアができたのである。テナガザルは一夫一妻のカップルを作って子育てするが、このカップルはそれぞれ独立してなわばりを構えており、相互に競争関係にある。ヒトは、そうではなくて、みんなで協力する大きな集団を持ちながら、その中に夫婦という単位がそれぞれ存在しているのだ。性的な関係はカップルの中に閉じているとしても、性的ではないさまざまな協力関係を、男女ともに持たねばならないのである。こんな生物はほかにない。

このように、ヒトには、ヒトという生物しか持っていない特徴がたくさんある。そういう条件下であれば、男性と女性の間にどのような関係が生まれるか、そこを考えねばならないので難しい。

狩猟採集民の社会

人類は長い間、狩猟採集生活で暮らしてきた。これは、動物を狩猟し、食べられる植物を集めて、自然の恵みを取って食べていく生活である。私たちヒトはホモ・サピエンスである。ホモ・サピエンスが進化したのは、およそ二十万年から三十万年前だ。サピエンスと同じホモ属に分類される人類が出現したのは、およそ二百万年前だが、それよりもずっと前から、人類は狩猟採集で暮らしを立ててきた。

二一世紀の現在、本当に狩猟採集だけで生計を立てている集団は、もはや存在しない。しかし、一九七〇年代ごろまでは、国民国家の枠内に組み入れられる度合いも少なく、狩猟採集で暮らしている集団は、世界中にいくつか存在した。彼らの生活でさえも、人類史の中でみんなが行なっていた狩猟採集生活とは言い難い。なぜなら、そのような狩猟採集民たちは、良くも悪くも、周辺に押し寄せる農耕民や牧畜民とさまざまな関係を持ちながら狩猟採集をしてきたからだ。

それでも、古い貴重な記録や、曲がりなりにも現在でも狩猟採集で生計を立てている人々の人類学的記録がある。カラハリ砂漠をはじめとするアフリカ各地、シベリアやカナダの北極地方、南米のアマゾンや東南アジアに住む人々だ。それぞれが住んでいる生態学的環境の違いにより、食べ物も異なれば、生計活動に必須な知識も異なる。しかし、おおまかに言って、大型動物の狩猟は男性の仕事、植物食の採集は女性の仕事、という性的分業がある。ところが、だからと言って彼らの社会に、男性の方が偉い、または女性の方が偉い、という上下関係はないのだ。

狩猟採集民の社会に、性的分業があることはよく知られている。それをもって、先進国を含む多くの現代社会に見られる、働く夫と専業主婦の関係や社会的な男女差別を説明しようとする論がある。しかし、それは大間違いなのだ。大型動物の狩猟には、長い追跡と最後の持久戦と投擲《とうてき》による殺害が必要である。バースコントロールのない社会において、女性は、つねに乳飲み子をかかえていることが多い。そんな状態で大型動物の狩猟にたずさわることは、エネルギー的に割が合わないのでしないだけのことだ。

大型動物の狩猟はめったに成功しないので、日々の食料は、女性たちがこつこつと集めてくる植物食でまかなわれている。だから、女性の貢献がどれほど大きいかは、誰もが理解している。そして、小動物であれば女性も狩猟するし、男性も植物性の食物を持って帰ることもある。性的分業はあるものの、そこに優劣の概念はないのだ。

また、大型動物の狩猟には、男性全員が行くこともないし、毎日行くこともない。男性がキャンプに残っていることは多く、そのような男性は、いわゆる家事・育児におおいにかかわっている。ミルクを分泌するのは女性だけなので、授乳は母親がするしかない。しかし、離乳した子どもたちの世話は誰でもできる。その仕事は、キャンプに残っている全員が担っているのだ。

それにしても、大型動物が仕留められると、それは大変に貴重な食物だ。狩猟採集民は、それをキャンプに持ち帰ってみんなで分ける。狩猟は技術的に難しい仕事であり、個々の男性間に得手、不得手がある。何度も大物を仕留められる男性もいれば、まったくできない男性もいる。しかし、狩猟採集民は、そこにあえて格差を作らないようにしている。自分の技量のすばらしさを威張る行為は非難される。最終的に獲物を仕留めた男性の家族には、獲物の一番おいしいところは配らないようにする。仕留めた栄光は、仕留めた男性だけにあるのではなく、使われた矢尻が良かったからだという説明をする。そして、矢尻は、みんなで貸し借りをするので、仕留めた栄光がいろいろな男性の間に分散することになる。

狩猟採集民は、なぜこのように平等主義的に振る舞うのだろう？　それは、彼らが一人では決して十分な食料を得ることができず、同性どうしも、男女間でも、共同して働いて初めてみんなが生きていけるのだ、ということをよく認識しているからだ。そして、いかに狩猟が上手な男性といえども、病気になったり、負傷したりで狩りに行けない日は、年間の四分の一以上になるのだ。こんな災難は誰にでも降りかかる。そんなことをみんながよく認識しているからこそ、個人の技量よりも、みんなで分かち合うことに重きを置く。

食料を調理するために火を焚かねばならないので、どこか一カ所にキャンプを置いて炉を作る。そのまわりに、寝るためのさしかけ小屋を作る。一つのキャンプに何人の人たちが暮らすかは、キャンプ周辺の土地でどれほどの食料が取れるかによる。たくさん取れるときには、大勢が集まることもあるが、たいていは数人から十数人ほどだ。集まる人々は、カップルと子ども、それぞれの血縁者、そして、非血縁の友人たちだ。キャンプに一緒にいるときは、みんなで共同作業をし、食物を分配する。しかし、その場所の食料が少なくなったり、または何らかのいざこざが起きたりすると、人々は別れて分散する。彼らの生活は、そんな離合集散の生活だ。

そんな風に、一緒に暮らす人々の集まりをバンドと呼ぶが、そこには、全体を率いる首長のような権力者は存在しないし、権力構造もない。食料の獲得だけでなく、矢尻や罠などを作る、入れ物を作る、薬になる植物を集める、さしかけ小屋を作る、お祭りをするなど、やるべき仕事の種類はたくさんあり、そのどれかに長けているとみなされる人は、その点で尊敬されたり頼られたりするが、それが特権にはつながらない。

このような社会で、誰と誰がカップルになるかは、大体において、当人たちの好みが優先される。親などの上の世代の人間が、息子や娘などの下の世代の結婚を決めることもあるが、本人たちが気に入らなければ、その結婚関係は解消される。文化人類学者のレヴィ＝ストロースは、かつて、「結婚とは、男性の親族集団の間で、女性を分配する取り決めである」と言った。それも一理はあるのだが、それは、農耕・牧畜社会からあとのことだ。狩猟採集民では、女性はただ「分配される」だけの財ではなく、もっと主体的に暮らしている。

農耕・牧畜・定住生活がもたらした大変化

およそ一万年前に農耕と牧畜が始まり、ヒトは、自分で食料を作って定住する生活を始めた。私は、このことがヒトの行動と社会の形成、文化のあり方に決定的な違いをもたらしたと考えている。自然の恵みを得て、食料が少なくなればどこかに移動する生活ではなく、自ら食料を生産するのである。その生産には、農業なら農地と作物、牧畜なら家畜とその放牧地という、はっきりした対象物がある。自然を対象とする私有財産というものができたのだ。狩猟採集民にとって、周囲の自然は全体が恵みの源泉であり、それは誰の所有物でもなかった。そして、そこから得られた物は、みんなで分け合っていた。しかし、自分自身と家族の労力で耕して作った作物や育てた家畜は、自分と家族だけの私有物となったのである。

そして、どれだけ財産を蓄積しているかに関する格差が生まれ、格差が権力をもたらした。定住生活は大きな都市を生み出し、政治が生まれ、やがて国家ができる。それ以後の社会というものは、狩猟採集民のバンドとは異なり、はっきりとした境界があるもので、その中で暮らすための規則があり、権力構造があるものなのだ。

狩猟採集民には財産がないので、財産の継承もない。カップルの間のペア・ボンドはあるが、カップルを解消(離婚)したり、複数の相手と配偶したりすることもある。

子どもはバンドのみんなで育てる。

ところが、農耕・牧畜・定住・私有財産という時代になると、財産の継承の問題が出てくる。そこで誰が父親であるのかという父性の確定が重要になる。離合集散するバンドの誰もがみんなで子どもを育てるのではなく、財産を所有している家の人間が、そこで生まれた子どもの子育てに責任を持つことになるので、結婚でできた子どもなのか婚外子なのかが重要な問題となる。そして、子どもを産むのは女性なので、女性の行動がコントロールされることになる。こんな事柄が全部網の目のようにつながって、社会のジェンダー概念が作られてきたのではないか。

どんな食料を食べているか、その量と分布の問題は重要だと前章で述べた。狩猟採集では、男女の緩やかな分業はあるが、それが上下関係や権力構造には結びついていなかった。しかし、農耕と牧畜になると、財産の蓄積とその継承が重要となる。農耕という作業では、女性の体力も捨てたものではない。新石器時代の女性の骨密度を調べた研究によると、その値は、現代のアスリートなみだった。昔の農耕民は、普通の女性でもそんなに強かったのだ。農耕という作業において女性の貢献は大きく、農耕社会は一般に、女性の権利がそれほど低く抑えられているわけではない。

一方、牧畜は、家畜の飼育や移動、また略奪なども含めて、非常に体力のいる仕事であり、普通は男性の労力によって支えられている。そこで、牧畜社会では一般に、男性の権力が強く、女性の権利が低く抑えられている傾向がある。そして、アフリカの部族社会の生計活動と、母系社会か父系社会かの関係を調べた研究によると、もとの社会構造がなんであれ、生計活動が牧畜に変わった社会では、以後、父系社会になる傾向が強く、農耕に変わった社会では、逆に、以後は母系になる傾向が強いことがわかった。生計活動のあり方は、確かに男女の権力構造に影響している。

ジェンダー概念の形成と社会化

一九世紀の西欧社会は、狩猟採集社会は原始的な社会であり、そこから農耕・牧畜の社会へと進化し、最終的には西欧近代文明へと進化したと考えていた。つまり、狩猟採集社会は、農耕と牧畜を発明・採用できなかった遅れた社会だとみなしていたのである。しかし、現代の人類学は、そんな自文化礼讃の価値観を内包してはいない。狩猟採集生活は、人類進化史のおよそ九九パーセントにわたって存続した、ヒトという動物にとって、これまでのところ最適な環境適応だったのだ。

しかし、農耕と牧畜が始まり、それが世界中に広まって、文明というものが生まれ、現在の社会にいたる。私は、マルクスとエンゲルスの思想はよく知らないのだが、彼らが、家族の形態や私有財産などの起源を問題にしたところは、よい着眼だったと思う。それでも、彼らの思考と分析は、私の分析にはあまり役に立たない。なぜなら、彼らは人類進化と行動生態学についてまだ何も知らない時代の思想家だったからだ。

さて、農耕と牧畜の発明によって起こった劇的な変化がもとになって、社会の諸側面に次々と変容がもたらされた。それらは非常に大きなものなのだが、進化史から見ればごく最近に起こったことに過ぎない。ヒトの社会が、現代の社会のようなものであらねばならない必然性はない。その意味で、現代の社会が持っているジェンダー概念は、変えようと思えば変えられるはずのものだ、という点は、私もフェミニストの主張に同意する。

狩猟採集民の社会で見たように、男女の間に分業があるということは、すなわち男女の優劣関係を作るものではない。だから、私は、男女の分業そのものをなくそうとは主張しないのである。分業が固定的である必要はない。それは、個人の選択の問題だ。しかし、ことさらに分業をなくすことが、ジェンダーの平等の実現だとも思えないのである。

男女の優劣関係は、農耕や牧畜などの生産手段をどちらの性がコントロールしているかということと密接に関係している。そして、家族による財産の蓄積と財産の継承が出てきたために、女性が産む子どもが、夫である男性の子どもであることが必要になった。また、共同繁殖であるがために、親族のみんなが子育てに関与するので、その子は、親族全体が納得する「正統な」子でなければならないということになる。だから、不倫や婚前交渉による子は排除されるのだ。

こうして、「男はこうあるべき」「女はこうあるべき」というジェンダー概念が作られてきた。ヒトが一人では暮らせず、集団で生活せねば生きていけない、という制約条件は非常に大きい。自分が属する社会のやり方が気に入らないからといって、飛び出して一人で暮らすことはできないし、別の集団に飛び込むのも困難だ。そうなると、多かれ少なかれ、自分の属する社会が共有している概念にそって行動せねばならない。その中にジェンダー概念が含まれている。そこに順応してきたおとなが、次世代の子どもを育てるのである。

親の育て方で子どもはずいぶん変われる。初めから、女性には自分の能力を伸ばしてもなんの可能性もないのだというメッセージを与え続ける育て方をするか、そうではない育て方をするかで、その子の考えはずいぶん変わる。それは確かなのだが、親たちは、自分の社会に順応して育ってきたので、やはりその影響は大きく、無意識にでもそのように子どもに接する。

では、革命的な考えの親が革命的な子育てをしたら、子どもはどう育つだろう？少しは革命的になるだろうが、その子も、おとなになるまでの成長過程で、周囲に順応していかねばならない。そうすると、共鳴者がどんどん増えてでもいかない限り、真に革命的には振る舞えないのだ。こうして、昔ながらのジェンダー概念が、子どもの社会化の過程で再生産されていく。これを変える変化は、非常にゆっくりしたものにならざるを得ないのではないだろうか。

家父長制で男尊女卑の社会というものは、こんな背景から生まれてきたのだろう。女性を抑圧し、支配下に置こうとする社会は、女性のやりたいことを阻止するので、これも性的対立かと思える。DVやセクハラ、ストーカーなどは確かにそうだ。しかし、いろいろ考えてくると、女性だけでなく、一部の男性も、このような社会体制の犠牲者なのではないか。女性が抑圧されている社会は、男性の間に大きな不平等が隠されている社会でもある、と考えるのである。ここに、チンパンジーから引き継ぐ男性間の連合の形成というものが、どのような役割を果たしているのか、そこも明らかにする必要があるだろう。

哺乳類の雄と雌は、繁殖に関する利害が異なる。女性が妊娠・出産・授乳し、男性はそうしない、ということは大きな違いだ。しかし、ヒトは、男性が子育てにまったくかかわらずに暮らせる動物ではない。男性も、父親として、親類として、隣人として、友人として、子どもの世話にかかわるのだ。しかし、もう一度の「しかし」である。ヒトの共同繁殖の担い手は、父親としての男性だけではない。他の親族も非血縁者もたくさんいる。母親は授乳するという点で子育てに必須の存在なのだが、父親は、それと同じ意味で必須ではないのだ。いなくなってしまっても、代替してくれる他の存在がある。

古今東西のいろいろな社会で、子どもの生存に対して、誰がどれほどの影響を持っているかについて調べた研究がある。どの社会でも、母親の影響は絶大で、つねに子どもの生存にプラスの効果を持っていた。しかし、父親の存在の効果はばらつきが大きく、ときには、子どもの生存にマイナスの効果をもたらしている社会さえもあったのである。

こんなことを見ても、生物学的な性差はあるものの、ヒトの社会がどんなシステムを持つかが、ヒトの個人のあり方に絶大な影響を与えていることがわかる。ジェンダー概念は、生業形態と生産手段のコントロールから、配偶システム、私有財産の蓄積、親族による財産の共有とその継承、共同繁殖と父性の確かさなどなど、文化というシステム全体にわたって網の目のように張り巡らされているのだ。だから、その形成と維持・継承の仕組みの研究がとても大切だと思うし、容易には変化しないのではないかと危惧する次第である。

脳の性差をめぐる議論

このような性差と性差別をめぐる議論の中で、脳に性差があることは、よく論じられる。よく取り上げられるのは、空間的なものの把握は男性が得意で、他者の心を読むような社会的な関係の把握は女性が得意だということだ。それをもって、男性脳、女性脳、というように論じられる。

しかし、私は、この議論の仕方は違うのではないかと思う。そもそもヒトが生きていくには、空間的・物理的な物事を把握することと、他者の心を読んで社会関係を円滑に制御することと、二つの別のタイプの仕事があるのだ。男女ともに、この両方をこなしていかなければ生きていけない。それを、物理脳と社会脳とでも言おうか。そして、それぞれの脳の働きはまた、いくつもの下部の要素から成り立っている。

物理脳の要素としては、数と量の把握、空間認知、物体の軌跡に関する認知などが挙げられる。社会脳の要素としては、他者の心の読み取り、微妙なしぐさなどから他者の状況を感知すること、言語の操作などが挙げられる。そこで、物理脳の要素のいくつかは、多くの場合、男性の方が楽にこなせる。つまり、あまり認知資源を投入しなくても考慮できる。一方、社会脳の要素のいくつかは、多くの場合、女性の方が、あまり認知資源を投入しなくても考慮できる、ということがあるのだろう。全体で見たときには、物理脳の要素の中にも、社会脳の要素の中にも、男女でそれほど違わないものもある。

物理脳も社会脳も、両方とも、男女の誰にとっても重要だったと考えられるので、男女で差異が見られる要素については、それがなぜ出現するのかを知る必要がある。そこには、狩猟採集時代に作られた生物学的な適応があるかもしれない。子どもを育てることと関係しているのかもしれない。そして、それらをもとに、その後の社会のあり方が、男女にそれぞれの能力に秀でるようにさせる文化的圧力があるのだろう。生身の人間の研究で、その二つを分離することは難しいだろうが。

これからの社会

生物学的な性差は、人類進化史の二百万年、またはもっと古く哺乳類の進化史の中で作られてきた。しかし、ヒトは、カップルがたくさん集合して大きな共同体を作り、性関係は別として、多くのおとながみんなで共同生活をするという、まれなタイプの動物である。子育ても共同繁殖である。だから、シカやクジャクなど、雄と雌が配偶のとき以外は相互関係をほとんど持たないような、他の多くの動物に比べると、性差はそれほど大きくはない。

ところが、一方で、ヒトの社会にはジェンダー概念が文化システムのすみずみにまで張り巡らされており、ジェンダー不平等がある。一九世紀以来、そのときどきの状態に不満を持っていた女性たちは、それを変えようと奮闘してきた。しかし、ジェンダー概念は文化システムの諸要素と密接に結びついているがゆえに、文化システムが変わらなければ、なかなか変われない。先に、なかなか変われないのではないかと悲観的な言い方をしたのは、そのためだ。しかし、逆に、文化システムが変われば、ジェンダー概念も自然に変わるだろう。

昨今の若い世代の男女はもう、一昔前のジェンダー概念など持っていないと思う。ある調査によれば、「男性は一家の稼ぎ手である」「男性が家事や育児をするのは恥ずかしい」といった言説に賛成する若い人の割合は、男女ともにそれほど多くはないのだ。二〇世紀の高度経済成長期などから比べると、最近の社会は大きく変化した。今や、こんな昔の固定的ジェンダー観が通じない生活になってしまったことは、みんなが実感しているに違いない。

だとすると、ＡＩ、ロボット、低成長、持続可能性などがキーワードとなるこれからの社会で、どのようなジェンダー概念が現れてくるだろう？　私は、昔のものの多くは、早晩、自然消滅していくだろうと思っている。その先にも、生物学的性差は依然として存在するが、それが優劣・上下関係や、固定観念を伴うものではなくなるのではないか。個人がそれぞれの趣向に合わせて、やりたいことを追求するのが当然になる社会は、そのうち訪れるように思うのである。そう期待したい。

あとがき

本書を仕上げるのには、ずいぶんと時間がかかってしまった。そうこうするうちに、自分の考え自体が変化していく。また書き換えたくなる。自分がまだまだ発展途上であることを知り、そのことに希望を持つとともに、いささか疲れも見えてきた。

本書は、もともと、岩波書店の「グーテンベルクの森」というシリーズの一つに収められており、私の人生に大きな影響を与えた書物を中心に、人生を振り返るという趣向で書かれていた。それをもう少し、人生を語るところに重点を移して書き換えたのが本書である。自分の人生について語るほど、私は年取ってしまったのかと驚くこともあるが、年取ったのは事実だ。私がたどった人生を語ることによって、今の若い人たちにとって、何か得るものがあれば幸いである。

しかし、私の人生の七〇年ほどの間に、世界は様変わりしてしまった。今では、私の子どものころにあったような自然は、なかなか身近にはない。また、私が昔やったように、二〇代でアフリカに行って、電気なし、ガスなし、水道なしの場所で二年半暮らすなど、今のほとんどの人々にとっては、まったく考えられないのかもしれない。そんなリスクを冒してでも、未知の場所に行きたいと思うだろうか、周囲はそれを勧めるだろうか、容認するだろうか、と考えると心もとないのが現状だ。コンピュータもスマホもない、Wi-Fiがない、なんていうこと自体、リスクより先に論外なのかもしれない。

それでも、現在の八〇億近い世界の人口の中で、私たちのような暮らしを享受している人口は、ほんの一握りに過ぎないことは自覚してほしい。今でも、世界の多くの人々は、電気なし、ガスなし、水道なしの生活をしている。そして、女性の権利がまったくと言ってよいほど認められていない世界も、まだまだ多いのだ。そういうところで、人道支援などで働いている人たちが、結構たくさんいることも知ってほしい。

それでも、そんな「僻地」でも、太陽光発電で充電する、プリペイド式のスマホはみんな持っている。私は、夫と東京大学の学生とともに、二〇一〇年の年末から二〇一一年の正月にかけて、タンザニアを再訪した。私たちがかつてチンパンジーの研究をしていたマハレ山塊にまでは行かれなかったが、以前には行ったことのない地方を訪れた。

第五章の終わりにも書いたが、そこで見た光景は、今でも忘れられない。事実上の首都のダルエスサラームから少し郊外に行ったところだ。もう電気はない。夕暮れの家々には、石油ランプの弱々しい火しか見えない。相変わらず、派手で美しい模様の布をからだに巻いた、裸足の女性たちが、山盛りの薪の束を頭上に載せて歩いていく。それは、一九八〇年代に私たちが見た光景そのものだった。ところが、である。その彼女たちが、左手で薪の束を押さえながら、右手ではみんなスマホを持って話し込んでいるのであった！　世界は変わったのだ。

私は、学部から博士課程まで、そして、東京大学の助手であった間は研究を続けてきたが、助手を辞めてからは長らく、自分のオリジナルな研究をずっと続けていける地位をもたなかった。その意味では、私は一流の研究者ではない。それにもかかわらず、曲がりなりにも私が研究を続けて来られたのは、夫が、自分の研究室を持つ独立した研究者であり、一緒に共同研究することができたからだ。夫には、本当に感謝したい。

本書では、最後に、私の動物行動の研究がヒトの進化的理解にどのように発展したかについて、とくに性差とジェンダーの問題を取り上げて論じてみた。これもまだ道半ばの探求なので、読者にとっては、歯がゆいものに終わったかもしれない。

私はずっと、自然人類学、進化生物学の観点から、なぜ雄と雌があるのか、なぜ性差があるのかについて論じてきた。もしかすると、いわゆるフェミニストではなくて、現状を正当化する保守派だと思われたかもしれない。でも、そんなことはないのだ。本書で論じたように、進化生物学の性淘汰の理論と、いろいろな動物の社会とを知っている研究者として、現代社会のこの性差別をどう分析して、どんな解決策を提案できるか、それが自分の中でなかなか決着がつかないのである。

それにしても、日本の現状は悲惨だ。国会議員にも、市町村長にも、会社の管理職にも、ほとんど女性がいない。もちろん、いるにはいるけれども、世界の一五〇カ国以上の国々との比較の中で、百何十位という、最低レベルなのだ。日本では、女性にもっと働いてもらおうという議論はあるが、社会の意思決定の場にもっと多くの女性を送り出そうという意向はないようだ。意思決定する立場にある女性の割合は、少しずつ増えてはいるのだが、世界ではもっと急速に増えているので、日本はどんどん後退している。

昨今の日本は、どうも世界の中で存在感が薄い。世界はダイナミックに変化しているのに、なにもかもの変化が鈍く、旧態依然の状態が続く。その原因の一つが、日本の女性の社会的地位が改善されず、意思決定の場にいる女性の割合が極端に少ないことにあるのではないか、と思うのである。昨今のコロナ禍で、その格差はさらに広がっている。

何はともあれ、これからの若い人たちにこの現状を打破してほしい。とくに若い女性たちには、もっと力を持って社会を変えていってほしいが、女性だけでできることではない。若い男性たちも変わっていかねばならないのだ。私は、今の三〇代以下の人たちは、男女ともに、古い世代とはずいぶん違った考えを持っていると感じている。そんな若い世代が本書を読んで、私がたどってきた道を知り、自由にのびのびと、自分のやりたいことを追求する人生を送る糧にしていただければ、と願う次第である。

参考文献一覧

＊原則として本文中で言及した本、または本文の内容に関連する本を掲げた。
＊最後の三点（20〜22）は、進化生物学をさらに知りたい読者の参考のために掲げた。

1　『ドリトル先生航海記』（新版）ヒュー・ロフティング著、井伏鱒二訳（岩波少年文庫、岩波書店、二〇〇〇年）
2　『ソロモンの指環――動物行動学入門』コンラート・ローレンツ著、日高敏隆訳（ハヤカワ文庫、早川書房、一九九八年）
3　『利己的な遺伝子』（四〇周年記念版）リチャード・ドーキンス著、日高敏隆他訳（紀伊國屋書店、二〇一八年）
4　『攻撃――悪の自然誌』コンラート・ローレンツ著、日高敏隆／久保和彦訳（みすず書房、一九八五年）
5　『森の隣人――チンパンジーと私』ジェーン・グドール著、河合雅雄訳（朝日選書、朝日新聞社、一九九六年）
6　『人間の由来』（上・下）チャールズ・ダーウィン著、長谷川眞理子訳（講談社学術文庫、講談社、二〇一六年）

7 『性選択と利他行動――クジャクとアリの進化論』ヘレナ・クローニン著、長谷川眞理子訳(工作舎、一九九四年)

8 『ワイルドサイドをほっつき歩け――ハマータウンのおっさんたち』ブレイディみかこ著(筑摩書房、二〇二〇年)

9 『ビーグル号航海記』(上・下、新訳)チャールズ・R・ダーウィン著、荒俣宏訳(平凡社、二〇一三年)

10 『種の起源』(上・下)チャールズ・ダーウィン著、渡辺政隆訳(光文社古典新訳文庫、光文社、二〇〇九年)

11 『社会生物学』(1～5)エドワード・O・ウィルソン著、日本語版監修＝伊藤嘉昭、坂上昭一他訳(思索社、一九八三～八五年、合本版、新思索社、一九九九年)

12 『フィンチの嘴――ガラパゴスで起きている種の変貌』ジョナサン・ワイナー著、樋口広芳／黒沢令子訳(ハヤカワ文庫、早川書房、二〇〇一年)

13 『ダーウィン家の人々――ケンブリッジの思い出』グウェン・ラヴェラ著、山内玲子訳(岩波現代文庫、岩波書店、二〇一二年)

14 『ヴェーユの哲学講義』シモーヌ・ヴェーユ著、渡辺一民／川村孝則訳(ちくま学芸文庫、筑摩書房、一九九六年)

15 『科学革命の構造』トーマス・クーン著、中山茂訳(みすず書房、一九七一年)

16 『文明の滴定――科学技術と中国の社会』(新装版)ジョゼフ・ニーダム著、橋本敬造訳(叢書

ウニベルシタス、法政大学出版局、二〇一五年）
17 『人が人を殺すとき――進化でその謎をとく』マーティン・デイリー／マーゴ・ウィルソン著、長谷川眞理子／長谷川寿一訳（新思索社、一九九九年）
18 『デカルトの誤り――情動、理性、人間の脳』アントニオ・R・ダマシオ著、田中三彦訳（ちくま学芸文庫、筑摩書房、二〇一〇年）
19 『文明の衝突』（上・下）サミュエル・ハンチントン著、鈴木主税訳（集英社文庫、集英社、二〇一七年）
20 『進化の教科書』（1～3）カール・ジンマー／ダグラス・J・エムレン著、更科功他訳（講談社ブルーバックス、講談社、二〇一六～一七年）
21 『セレンゲティ・ルール――生命はいかに調節されるか』ショーン・B・キャロル著、高橋洋訳（紀伊國屋書店、二〇一七年）
22 『生命の歴史は繰り返すのか？――進化の偶然と必然のナゾに実験で挑む』ジョナサン・B・ロソス著、的場知之訳（化学同人、二〇一九年）

本書は、二〇〇六年一月に岩波書店より刊行されたシリーズ〈グーテンベルクの森〉『進化生物学への道——ドリトル先生から利己的遺伝子へ』を大幅に増補・改訂し、改題したものである。

私が進化生物学者になった理由

2021年12月15日　第1刷発行

著　者　長谷川《はせがわ》眞理子《まりこ》

発行者　坂本政謙

発行所　株式会社　岩波書店
〒101-8002 東京都千代田区一ツ橋 2-5-5
案内 03-5210-4000　営業部 03-5210-4111
https://www.iwanami.co.jp/

印刷・精興社　製本・中永製本

ISBN 978-4-00-600440-8　　Printed in Japan

岩波現代文庫創刊二〇年に際して

二一世紀が始まってからすでに二〇年が経とうとしています。この間のグローバル化の急激な進行は世界のあり方を大きく変えました。世界規模で経済や情報の結びつきが強まるとともに、国境を越えた人の移動は日常の光景となり、今やどこに住んでいても、私たちの暮らしは世界中の様々な出来事と無関係ではいられません。しかし、グローバル化の中で否応なくもたらされる「他者」との出会いや交流は、新たな文化や価値観だけではなく、摩擦や衝突、そしてしばしば憎悪までをも生み出しています。グローバル化にともなう副作用は、その恩恵を遥かにこえていると言わざるを得ません。

今私たちに求められているのは、国内、国外にかかわらず、異なる歴史や経験、文化を持つ「他者」と向き合い、よりよい関係を結び直してゆくための想像力、構想力ではないでしょうか。

新世紀の到来を目前にした二〇〇〇年一月に創刊された岩波現代文庫は、この二〇年を通して、哲学や歴史、経済、自然科学から、小説やエッセイ、ルポルタージュにいたるまで幅広いジャンルの書目を刊行してきました。一〇〇〇点を超える書目には、人類が直面してきた様々な課題と、試行錯誤の営みが刻まれています。読書を通した過去の「他者」との出会いから得られる知識や経験は、私たちがよりよい社会を作り上げてゆくために大きな示唆を与えてくれるはずです。

一冊の本が世界を変える大きな力を持つことを信じ、岩波現代文庫はこれからもさらなるラインナップの充実をめざしてゆきます。

（二〇二〇年一月）

G382
思想家　河合隼雄
中沢新一
河合俊雄編

心理学の枠をこえ、神話・昔話研究から日本文化論まで広がりを見せた河合隼雄の著作。多彩な分野の識者たちがその思想を分析する。

G383
河合隼雄語録
カウンセリングの現場から
河合隼雄
河合俊雄編

京大の臨床心理学教室での河合隼雄のコメント集。臨床家はもちろん、教育者、保護者などにも役立つヒント満載の「こころの処方箋」。〈解説〉岩宮恵子

G384
新版 占領の記憶　記憶の占領
―戦後沖縄・日本とアメリカ―
マイク・モラスキー
鈴木直子訳

日本にとって、敗戦後のアメリカ占領は何だったのだろうか。日本本土と沖縄、男性と女性の視点の差異を手掛かりに、占領文学の時空間を読み解く。

G385
沖縄の戦後思想を考える
鹿野政直

苦難の歩みの中で培われてきた曲折に満ちた沖縄の思想像を、深い共感をもって描き出し、沖縄の「いま」と向き合う視座を提示する。

G386
沖縄の淵
―伊波普猷とその時代―
鹿野政直

「沖縄学」の父・伊波普猷。民族文化の自立と従属のはざまで苦闘し続けたその生涯と思索を軸に描き出す、沖縄近代の精神史。

2021. 12

岩波現代文庫[学術]

G387
『碧巌録』を読む
末木文美士

「宗門第一の書」と称され、日本の禅に多大な影響をあたえた禅教本の最高峰を平易に読み解く。「文字禅」の魅力を伝える入門書。

G388
永遠のファシズム
ウンベルト・エーコ
和田忠彦訳

ネオナチの台頭、難民問題など現代のアクチュアルな問題を取り上げつつファジーなファシズムの危険性を説く、思想的問題提起の書。

G389
自由という牢獄
―責任・公共性・資本主義―
大澤真幸

大澤自由論が最もクリアに提示される主著が文庫に。自由の困難の源泉を探り当て、その新しい概念を提起。河合隼雄学芸賞受賞作。

G390
確率論と私
伊藤清

日本の確率論研究の基礎を築き、多くの俊秀を育てた伊藤清。本書は数学者になった経緯や数学への深い思いを綴ったエッセイ集。

G391-392
幕末維新変革史(上・下)
宮地正人

世界史的一大変革期の複雑な歴史過程の全容を、維新期史料に通暁する著者が筋道立てて描き出す、幕末維新通史の決定版。下巻に略年表・人名索引を収録。

2021.12

岩波現代文庫[学術]

G393
不平等の再検討
―潜在能力と自由―

アマルティア・セン
池本幸生
野上裕生
佐藤仁 訳

不平等はいかにして生じるか。所得格差の面からだけでは測れない不平等問題を、人間の多様性に着目した新たな視点から再考察。

G394-395
墓標なき草原(上・下)
―内モンゴルにおける文化大革命・虐殺の記録―

楊海英

文革時期の内モンゴルで何があったのか。体験者の証言、同時代資料、国内外の研究から、隠蔽された過去を解き明かす。司馬遼太郎賞受賞作。〈解説〉藤原作弥

G396
過労死・過労自殺の現代史
―働きすぎに斃れる人たち―

熊沢誠

ふつうの労働者が死にいたるまで働くことによって支えられてきた日本社会。そのいびつな構造を凝視した、変革のための鎮魂の物語。

G397
小林秀雄のこと

二宮正之

自己の知の限界を見極めつつも、つねに新たな知を希求し続けた批評家の全体像を伝える本格的評論。芸術選奨文部科学大臣賞受賞作。

G398
反転する福祉国家
―オランダモデルの光と影―

水島治郎

「寛容」な国オランダにおける雇用・福祉改革と移民排除。この対極的に見えるような現実の背後にある論理を探る。

2021.12

岩波現代文庫［学術］

G404
象徴天皇という物語
赤坂憲雄

この曖昧な制度は、どう思想化されてきたのか。天皇制論の新たな地平を切り拓いた論考が、新稿を加えて、平成の終わりに蘇る。

G405
5分でたのしむ数学50話
エアハルト・ベーレンツ
鈴木直訳

5分間だけちょっと数学について考えてみませんか。新聞に連載された好評コラムの中から選りすぐりの50話を収録。〈解説〉円城塔

G406
デモクラシーか 資本主義か
―危機のなかのヨーロッパ―
J・ハーバーマス
三島憲一編訳

現代屈指の知識人であるハーバーマスが、最近十年のヨーロッパの危機的状況について発表した政治的エッセイやインタビューを集成。現代文庫オリジナル版。

G407
中国戦線従軍記
―歴史家の体験した戦場―
藤原彰

一九歳で少尉に任官し、敗戦までの四年間、最前線で指揮をとった経験をベースに戦後の戦争史研究を牽引した著者が生涯の最後に残した「従軍記」。〈解説〉吉田裕

G408
ボンヘッファー
―反ナチ抵抗者の生涯と思想―
宮田光雄

反ナチ抵抗運動の一員としてヒトラー暗殺計画に加わり、ドイツ敗戦直前に処刑された若きキリスト教神学者の生と思想を現代に問う。

岩波現代文庫[学術]

G409
普遍の再生
―リベラリズムの現代世界論―
井上達夫

平和・人権などの普遍的原理は、米国の自国中心主義や欧州の排他的ナショナリズムにより、いまや危機に瀕している。ラディカルなリベラリズムの立場から普遍再生の道を説く。

G410
人権としての教育
堀尾輝久

『人権としての教育』(一九九一年)に「「国民の教育権と教育の自由」論再考」と「憲法と新・旧教育基本法」を追補。その理論の新しさを提示する。〈解説〉世取山洋介

G411
増補版 民衆の教育経験
―戦前・戦中の子どもたち―
大門正克

子どもが教育を受容してゆく過程を、国民国家による統合と、民衆による捉え返しとの間の反復関係(教育経験)として捉え直す。〈解説〉安田常雄・沢山美果子

G412
「鎖国」を見直す
荒野泰典

江戸時代の日本は「鎖国」ではなく「四つの口」で世界につながり、開かれていた――「海禁・華夷秩序」論のエッセンスをまとめる。

G413
哲学の起源
柄谷行人

アテネの直接民主制は、古代イオニアのイソノミア(無支配)再建の企てであった。社会構成体の歴史を刷新する野心的試み。

2021. 12

G414
『キング』の時代
―国民大衆雑誌の公共性―
佐藤卓己

伝説的雑誌『キング』――この国民大衆誌を分析し、「雑誌王」と「講談社文化」が果たした役割を解き明かした雄編がついに文庫化。〈解説〉與那覇潤

G415
近代家族の成立と終焉 新版
上野千鶴子

ファミリィ・アイデンティティの視点から家族の現実を浮き彫りにし、家族が家族であるための条件を追究した名著、待望の文庫化。「戦後批評の正嫡 江藤淳」他を新たに収録。

G416
兵士たちの戦後史
―戦後日本社会を支えた人びと―
吉田裕

戦友会に集う者、黙して往時を語らない者……戦後日本の政治文化を支えた人びとの意識のありようを「兵士たちの戦後」の中にさぐる。〈解説〉大串潤児

G417
貨幣システムの世界史
黒田明伸

貨幣の価値は一定であるという我々の常識に反する、貨幣の価値が多元的であるという事例は、歴史上、事欠かない。謎に満ちた貨幣現象を根本から問い直す。

G418
公正としての正義 再説
ジョン・ロールズ
エリン・ケリー編
田中成明
亀本洋
平井亮輔訳

『正義論』で有名な著者が自らの理論的到達点を、批判にも応えつつ簡潔に示した好著。文庫版には「訳者解説」を付す。

G419
新編 つぶやきの政治思想
李静和

秘められた悲しみにまなざしを向け、声にならないつぶやきに耳を澄ます。記憶と忘却、証言と沈黙、ともに生きることをめぐるエッセイ集。鵜飼哲・金石範・崎山多美の応答も。

G420-421
ロールズ 政治哲学史講義（Ⅰ・Ⅱ）
ジョン・ロールズ
サミュエル・フリーマン編
齋藤純一ほか訳

ロールズがハーバードで行ってきた「近代政治哲学」講座の講義録。リベラリズムの伝統をつくった八人の理論家について論じる。

G422
企業中心社会を超えて
―現代日本を〈ジェンダー〉で読む―
大沢真理

長時間労働、過労死、福祉の貧困……。大企業中心の社会が作り出す歪みと痛みをジェンダーの視点から捉え直した先駆的著作。

G423
増補「戦争経験」の戦後史
―語られた体験／証言／記憶―
成田龍一

社会状況に応じて変容してゆく戦争についての語り。その変遷を通して、戦後日本社会の特質を浮き彫りにする。〈解説〉平野啓一郎

G424
定本 酒呑童子の誕生
―もうひとつの日本文化―
髙橋昌明

酒呑童子は都に疫病をはやらすケガレた疫鬼だった――緻密な考証と大胆な推論によって物語の成り立ちを解き明かす。〈解説〉永井路子

岩波現代文庫［学術］

G425
岡本太郎の見た日本
赤坂憲雄

東北、沖縄、そして韓国へ。旅する太郎が見出した日本とは。その道行きを鮮やかに読み解き、思想家としての本質に迫る。

G426
政治と複数性
―民主的な公共性にむけて―
齋藤純一

「余計者」を見棄てようとする脱‐実在化の暴力に抗し、一人ひとりの現われを保障する。開かれた社会統合の可能性を探究する書。

G427
増補 エル・チチョンの怒り
―メキシコ近代とインディオの村―
清水透

メキシコ南端のインディオの村に生きる人びとにとって、国家とは、近代とは何だったのか。近現代メキシコの激動をマヤの末裔たちの視点に寄り添いながら描き出す。

G428
哲おじさんと学くん
―世の中では隠されているいちばん大切なことについて―
永井均

自分は今、なぜこの世に存在しているのか？友だちや先生にわかってもらえない学くんの疑問に哲おじさんが答え、哲学的議論へと発展していく、対話形式の哲学入門。

G429
マインド・タイム
―脳と意識の時間―
ベンジャミン・リベット
下條信輔
安納令奈 訳

実験に裏づけられた驚愕の発見を提示し、脳と心や意識をめぐる深い洞察を展開する。脳神経科学の歴史に残る研究をまとめた一冊。〈解説〉下條信輔

2021.12

岩波現代文庫[学術]

G430
被差別部落認識の歴史
―異化と同化の間―
黒川みどり

差別する側、差別を受ける側の双方は部落差別をどのように認識してきたのか――明治から現代に至る軌跡をたどった初めての通史。

G431
文化としての科学/技術
村上陽一郎

近現代に大きく変貌した科学/技術。その質的な変遷を科学史の泰斗がわかりやすく解説、望ましい科学研究や教育のあり方を提言する。

G432
方法としての史学史
―歴史論集1―
成田龍一

歴史学は「なにを」「いかに」論じてきたのか。史学史的な視点から、歴史学のアイデンティティを確認し、可能性を問い直す。現代文庫オリジナル版。〈解説〉戸邉秀明

G433
〈戦後知〉を歴史化する
―歴史論集2―
成田龍一

〈戦後知〉を体現する文学・思想の読解を通じて、歴史学を専門知の閉域から解き放つ試み。現代文庫オリジナル版。〈解説〉戸邉秀明

G434
危機の時代の歴史学のために
―歴史論集3―
成田龍一

時代の危機に立ち向かいながら、自己変革を続ける歴史学。その社会との関係を改めて問い直す「歴史批評」を集成する。〈解説〉戸邉秀明

2021.12